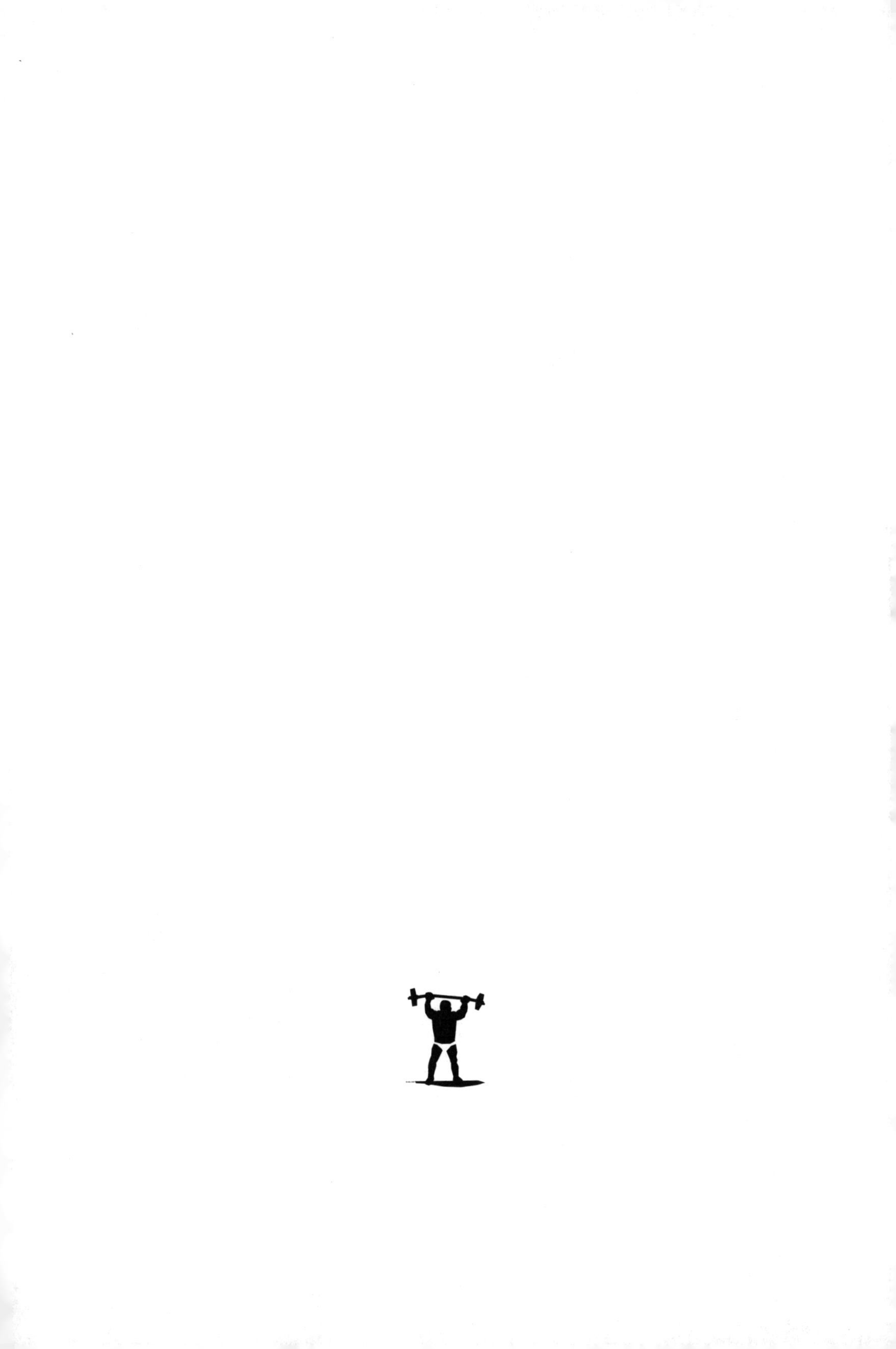

JOACHIM KALKA

Der Mond

BERENBERG

Vorbemerkung

Es ist offensichtlich, daß dieses kleine Buch nicht versucht, umfassend oder systematisch vorzugehen oder die wichtigsten und schönsten literarischen Zeugnisse der alten Faszination zu versammeln, welche die Menschheit beim Anblick des Mondes empfindet. Es hält einige wenige Assoziationsgefüge fest, sprunghaft sammelnd. Jeder gute Leser (»die guten Leser, die, wie ich manchmal denke, noch seltenere Vögel sind als die guten Autoren« – hier ist Borges, glaube ich, zu pessimistisch) kann bei der Lektüre an diese Phantasie- und Erinnerungskonstrukte anbauen.

Borges ist übrigens, wie ja bei genauerem Hinsehen überraschend viele Schriftsteller, immer wieder und unbeirrbar zum Mond zurückgekehrt. Zwei seiner Gedichte sind besonders bemerkenswert. In dem einen, das kurzerhand »La luna« heißt (in *El hacedor*, 1960), wird zu Beginn ein Mann vorgestellt, der sich dem ambitionierten Projekt verschreibt, die ganze Welt »en un libro« zu versammeln, und als er den letzten Vers des »alto y arduo manuscrito« vollendet hat und, seinem Glück dankend, den Blick emporhebt, sieht er »eine polierte Scheibe in der Luft« und begreift, betäubt von Überraschung, »daß er den Mond vergessen hatte«. Dies führt zu der moralisierenden Bemerkung – wie stets bei Borges von entwaffnender melancholischer Beiläufigkeit –, daß bei der Literatur (dem »Umtausch des Lebens in Worte«) immer das Entscheidende verloren geht: bei dem Versuch »de cambiar en palabras nuestra vita / siempre se pierde lo esencial«. Unter vielen anderen Monden wird in diesem Poem auch »la luna sangrienta de Quevedo« erwähnt. Dieser »blutrote Mond Quevedos« ist ein Zitat aus einem berühmten Sonett des Barockdichters, das dem Andenken eines Gönners gewidmet ist, des Herzogs von Orsuna, der im Gefängnis starb, ohne daß der gegen ihn angestrengte Hochverratsprozeß beendet worden wäre – er war beim Regierungsantritt des neuen Königs, Philipps IV., in Ungnade gefallen. Über diesen Mann heißt es bei Quevedo unter anderem, sein Grabmal seien die Schlachtfelder Flanderns und sein Epitaph der blutrote Mond, »su tumba son de Flandres las campañas / y su epitafio la sangrienta luna«. Das Gedicht muß Borges besonders nahe gewesen sein, denn er macht aus dem zweiten dieser Verse die Klimax seines eigenen Poems über Quevedo, das nach wenigen Seiten auf »La luna« folgt, »A un viejo poeta«. Die Tragik des alten, ermüdeten Dichters liegt darin, daß er den Blick zum Himmel hebt und beim Anblick des höhnisch scharlachfarbenen Mondes sich nicht mehr der eigenen Gedichtzeile erinnert: »Sin recordar el verso que escribiste: / *Y su epitafio la sangrienta luna*«. Dieses Vergessen des Mondes beziehungsweise – schlimmer – dieses Vergessen der gewaltigen Mond-Zeile durch den Dichter selbst bekräftigt jenes »Entscheidende« des Mondes, das immer verloren geht.

Mein kleines Buch ist – irgendwie – das, was ein anderer argentinischer Autor zu Beginn des zwanzigsten Jahrhunderts einem von *commedia dell' arte*-Assoziationen durchgeisterten Gedichtband als Namen gab: ein *Lunario sentimental*. »Lunario«, diesem schönen Neologismus von Leopoldo Lugones, könnte man im Deutschen als

Äquivalent wohl nur das lateinisch-gravitätische »Lunarium« zur Seite stellen, denn es sollten ja nicht zwei Wörter verbunden werden: Mondbuch, sondern das Mondene sollte aus sich ein eigenes Wort bilden. Wollte man eine genuin deutsche Bezeichnung, könnte man (nur einen Augenblick lang) hier von einer Monderei sprechen. Das Prinzip des Textes ist offensichtlich: die Collage beziehungsweise Montage.

Lugones weist einleitend mit ironischem Stolz darauf hin, daß seine Familie in den Feldern 1 und 4 ihres gevierten Wappens je zwei Halbmonde führt, und daß sich bei einem gelehrten Heraldiker des siebzehnten Jahrhunderts der Satz findet: »A los Lugones, lunones.« Den Lugones ihre kleinen Monde. Mit Vergleichbarem weiß ich nicht aufzuwarten, aber ich recke reflexhaft den Kopf nach dem Mond, wenn ich die Straße entlanggehe oder ans Fenster trete. Die Sentimentalität liegt in meiner angemaßten Vertraulichkeit, als dürfe oder müsse ich stets den Mond begrüßen. Ich weiß schon, daß er ein kosmischer Gesteinsbrocken beziehungsweise ein je nach Laune und Tradition der Völker unendlich wandelbares Zeichen ist. Aber ich begreife ihn nicht und ich liebe ihn. Luna! Ich liebe dich.

Der gelbe Heilige fährt langsam droben,
Wo unsere Blicke nichts mehr hassen,
Von kühlster Höhe Murmeltieren
Gefolgt zuerst, nun längst verlassen.

OSKAR LOERKE, »Mondfrost«

Wenn wir den Mond beträten, den längst bevölkerten
von Märchen [...]
Nicht mit leeren Händen kämen wir, nicht ohne Gesänge.
Tausend Zauberer warben um ihn.

GEORG MAURER, »Mond«

Ein großes Mondtreffen ist anberaumt worden,
Monde und alles, was mit dem Mond zu tun hat,
werden sich da einstellen.

HANS ARP

The poet's first business is mentioning things.

LOUIS MACNEICE, *Modern Poetry: A Personal Essay* (1938)

Gegen Abend fand man Dschingis-Khan häufig im Geröll
in Betrachtung des Mondes.

F. K. WAECHTER, *Wahrscheinlich guckt wieder kein Schwein* (1978)

Tschechow schreibt am 10. Mai 1886 an seinen Bruder: »Bei Naturbeschreibungen muß man sich an kleine Einzelheiten halten … Du hast zum Beispiel schon die ganze Mondnacht, wenn du schreibst, daß auf dem Mühlenwehr der Hals einer zerbrochenen Flasche aufblitzt wie ein Stern und wie eine Kugel der schwarze Schatten eines Hundes oder Wolfes vorbeirollt usw. …« Er wendet sich hier gegen traditionelle Gemeinplätze (erwähnt werden der Sonnenuntergang und die fröhlich zwitschernden Schwalben über der Wasseroberfläche); der Satz zeigt, daß unter anderem auch der Mond schon längst ein gefährlich abgenutztes Requisit der Landschaftsromantik geworden ist. Der Schriftsteller soll auf keinen Fall den Mond groß am Himmel stehen lassen, es genügt, wenn eine Flaschenscherbe am Mühlenwehr in der Nacht aufblinkt, da hat man *in nuce* die Magie des Mondscheins.

Und trotzdem gehört, zumal für ein naives und seiner selbst sicheres Erzählen, der Mond als unerläßliches Requisit an den Himmel gewisser auratischer Erzähllandschaften. Auch da, wo er nicht notwendig wäre, wo er nur der Erzeugung einer abenteuerlüsternen Stimmung dienen kann, darf er nicht fehlen. Ein winziges Beispiel kann man dem Comicstrip *Thimble Theater* von E.C. Segar entnehmen – dem »Fingerhuttheater« (eine schöne Metapher für die kleine Bühne des Zeitungscomics). Es ist das ein Titel, den heute nur noch Spezialisten kennen, aber jeder kennt den Helden, den dieser Comicstrip nach einigen Umwegen und Anläufen hervorgebracht hat: Popeye den Seemann. Mit der denkwürdigen *sunday page* dieses Strips vom 3. Dezember 1933 beginnt die Geschichte von »Plunder Island«, der Beute-Insel – auch wenn man nicht unbedingt mit Bill Blackbeard in ihr »die größte Comicstrip-Erzählung aller Zeiten« erkennen möchte, ist sie allemal faszinierend. Popeye und sein alter, plötzlich wieder aufgetauchter Kumpan Bill Barnacle fassen den Entschluß, in See zu stechen, um sich eines legendären Schatzes zu bemächtigen (»und ich wünsch mir gar nix anderes wie gemeines Wetter und ein paar anständige Meutereien«). Am 10. Dezember, eine Woche später, beschleunigt sich die Geschichte mit der Nachricht, daß die Meerhexe – *the sea hag* – im Hafen gesehen worden ist. (»Du spinnst, das wagt sie nicht, hier an einem zivilisierten Ort vor Anker zu gehen.«) Ein vor Angst fast wahnsinniger Mann taucht auf, Professor Cringle, der einzige Mensch, der je von Plunder Island – von der Meerhexe beherrscht, wie wir erfahren – entronnen ist und die Position der Insel kennt … Und der Professor ruft in die Nacht der Stripbildchen: »The moon! The moon tells me they're after me! I feel it! One of them is near to-night!« Und einige Bilder weiter ruft der angstgeschüttelte Mann, der in seinem Schrecken einen Baum erklettert hat und auf die Reede hinausstarrt: »Hach! Der Mond! Roter Mond hinter ihrem bösen Schiff!« Bill Barnacle: »Recht hat er, Popeye – 'n roter Mond zeigt sich durch Schiffstakelage – heut nacht, da passiert noch was …«

Die Comics unterhalten – naturgemäß – einen lebhaften Bild- und Textverkehr mit dem Mond. Snoopy reist noch vor der NASA auf seiner Hundehütte zu dem Trabanten; der Mond bescheint seit *Krazy Kat* die schönsten Comics-Landschaften. Tintin reist Mitte der fünfziger Jahre zum Mond (natürlich mit Professor Tournesol, Milou und Kapitän Haddock sowie mit den beiden grotesken Detektiven Dupont und Dupond, welche unvorhergesehenerweise plötzlich an Bord auftauchen, was der Logik dieser Comicserie erwartungsgemäß entspricht). Das Album *Objectif Lune* (1953) endete mit dem Start der Mondrakete; es folgte ein Jahr später in direktem Anschluß *On a marché sur la lune*. 1954 also, fünfzehn Jahre vor Neil Armstrong, setzt unser junger Reporter (der nie eine Meldung an seine Redaktion weitergibt) den Fuß auf den Mond. Der Augenblick wird ausführlich inszeniert; Tintin spricht für die Bodenstation in Syldavien einen laufenden Kommentar zu seinem Ausstieg aus der Rakete. Die Hörer auf der Erde reagieren ratlos – gigantische Fragezeichen erscheinen über den Köpfen –, als aus dem Lautsprecher ein langgezogenes »Ooooooh!« dringt. Und Tintin fährt, in der nun offenen Tür des Projektils stehend und auf den Mond hinausblickend, fassungslos fort: »Oooh! Quel spectacle hallucinant!« Es folgt eine Beschreibung der Todesstarre. »Es ist … Wie soll ich es Ihnen beschreiben? … eine Alptraumlandschaft, eine Landschaft des Todes, schrecklich in ihrer Öde … Nicht ein Baum, nicht eine Blume, nicht ein einziger Grashalm … Kein Vogel, kein Laut, keine Wolke … Der Himmel ist tintenschwarz, und es stehen Tausende von Sternen an ihm … / Aber sie sind reglos, wie eingefroren, ohne das Glitzern, das sie von der Erde aus so lebendig erscheinen läßt!«

°

… et là-haut, voyez, la lune rêve
Aussi froid qu'au temps ou l'homme n'était pas.
JULES LAFORGUE, »Soir de carnival«

Das ist wunderlich. Doch gibt's noch wunderlichere Dinge:
(ich interessiere mich dafür). Sei es der Holzdieb im Mond […]
Ich setze voraus, daß Sie im Bilde sind!
HERZMANOVSKY-ORLANDO, *Das Maskenspiel der Genien*

Das ist der erste, überwältigende Eindruck vom Mond aus der Nahsicht: er ist tot. Diese Erkenntnis ergibt sich erst als Konsequenz der exakten Astronomie. Daß der Mond etwas Totes, »Leeres«, Unheimliches ist, ist den alten Zeiten unvertraut. Da ist er eine kühl-liebliche Göttin oder eine der sieben gravitätisch-schicksalhaften Figuren des großen Planetenballetts, mit eher positiven Folgen für die Nativität: Die mit ihm in einem relevanten kosmischen Haus Geborenen sind je nach Tierkreiszeichen sensibel-labil, stimmungsaffin, musikalisch, sinnlich … Das Mütterliche spielt hier eine große Rolle, der Mond ist voller emotionaler Energie. Erst mit dem Fortschreiten der wissenschaftlichen Forschung wird das – einem sensiblen Blick bis zum Grauenhaften gesteigerte – Leblose des Himmelskörpers evident. Von da an ist das leichenhaft Fahle, das beunruhigend Stumme des Mondes das andere große Register neben seinem schimmernd Erotischen: Das Totenhafte widerspricht dem Eros oder vermählt sich sinister mit ihm. Selten ist das spukhaft Graue und Tote des Mondes so schön beschworen worden wie in einem lange Zeit klassischen, nun wohl langsam dem Vergessen anheimfallenden deutschen Kinderbuch: *Peterchens Mondfahrt* von Gerdt v. Bassewitz (1916). Bassewitz war ein Autor, der sich zu Höherem berufen fühlte; Kafka und Max Brod berichten beiläufig in ihren Reiseaufzeichnungen von der Begegnung mit einem Schriftsteller, der nervös das Schicksal seines Dramas *Judas* abwartete. Doch sein Nachruhm knüpfte sich ganz an *Peterchens Mondfahrt*. Dieses hübsch erzählte Buch verdankt seinen Erfolg und seine Bedeutung nicht zuletzt den Illustrationen von Hans Baluschek (1870–1935), einem Maler mit sozialdemokratischen Neigungen und Mitglied der Berliner Secession. Tatsächlich war die Urform dieser Erzählung ein Theaterstück v. Bassewitzs (1912) mit sehr wirkungsvollen Bühnendekorationen und Kostümen von Baluschek.

Was lesen und sehen wir hier? Die »Gespensterbäume« auf dem Mond beugen sich »unter der Last einer uralten Asche, die wohl einst nach großen Stürmen auf dem Monde wie Schnee auf ihre Zweige niedergefallen sein mochte.« Eine »geistergraue« Landschaft, von Schimmel überzogen und mit »großen, grünlichen Pilzen« bestanden, wird sichtbar. Der Mondmann, wegen eines Holzfrevels von der Nachtfee in den Mond verbannt, ist ein riesenhafter, grauenvoll häßlicher Unhold. Die narrative Konstruktion entwirft allerdings einen präzisen Grund für sein Exil, einen Grund, in dem sich archaische Scheu vor dem Wald, feudale Gesetze wider die frierenden armen Leute und christliches Gebot vermengen: »Ein Holzdieb, der am Sonntag stehlen wollte«, hackt eine Birke mit seiner Axt ab (und erwischt mit seiner Axtklinge dabei auch das Maikäferbein, das mit in den Mond verzaubert wird und von nun an der gesamten Käfernachkommenschaft der Sumsemanns fehlt, bis zwei gute Kinder mit einem Käfer aus diesem Geschlecht in den Mond fliegen, um das Beinchen zurückzuholen). Hier wird der böse Mann, der in den Mond verbannt wurde, mit seinem Verbrechen in einen alten Konfliktbereich gestellt, wo sich die Not der Armen im Winter und das unerbittliche Gesetz begegnen, welches den Wald als Eigentum des Grundherrn schützt, der, wenn es ihm beliebt, noch das Aufheben von abgefallenen Zweigen unter schweres Verbot stellen kann. Hinzu kommt im Falle des Mondmannes, daß er den Diebstahl am Sonntag begangen hat, das heißt: Er hat sündhafterweise am Tag des Herrn gearbeitet. Eigenartigerweise findet sich 4. Mose 15, 32ff. der Prototyp derartigen Frevels und seiner Bestrafung: »Als nu die kinder Jsrael in der wüsten waren / funden sie einen Mann holtz lesen am Sabbath tage.« Und der HERR weist Moses an: »Die gantze Gemeine sol jn steinigen ausser dem Lager.« (Übersetzung Luthers)

Die Geschichte vom Mann im Monde ist von der Sagenforschung in den verschiedensten Formen aufgezeichnet worden. Einmal bietet der Mann, der dem Holzdieb im Wald begegnet und ihn zur Rede stellt (»und das war der liebe Gott«), dem Frevler in einer solchen Legende an: »ob er entweder in den Mond oder lieber in die Sonne verwünscht sein wolle« (aus dem Schwarzwald). Diese Überlieferung findet sich in Leander Petzoldts reicher Sammlung *Deutsche Volkssagen*. Gleich anschließend wird dort ein Text wiedergegeben, in welchem der ertappte Holzdieb sein Vergehen leugnen will und quasi durch einen Reim die eigene Verfluchung herbeiführt: »Haun ihs daun, / So komm i in Maun!«

Doch hinter der ausführlichen Begründungserzählung für sein Vergehen ist der Mondmann bei von Bassewitz einfach ein gefräßiges Ungeheuer – ein Oger wartet im Mond mit riesigem, speicheltriefendem Maul, der sich die Kinder braten möchte. Verständlich; denn: »Tausend Jahr hab' ich nichts gegessen! Tausend Menschen könnte ich fressen!« Die ferne Einsamkeit auf dem Monde begründet schrankenlose Gier.

Bemerkenswert ist, daß sich den Kindern abgesehen vom Monde alle Personifikationen des Himmels, des Wetters und der Nacht verbünden, Blitz und Donner, Hagel und Eis, das Wasser mit seinen Katarakten und das Sandmännchen und der Große Bär. Die Sonne und die Sterne sind ganz und gar freundlich. Der Mond aber, dessen Scheibe so friedlich und schön leuchtet, ist nicht nur das Exil eines Unholds, er ist in sich unheimlich, vor allem, weil er unvordenklich alt ist. Zu Beginn strahlt er idyllisch: »Groß und rund stand der Mond über der Sternblumenwiese vor dem Fenster. ›Es ist sehr weit‹, sagte der Maikäfer, obgleich es ganz nah aussah; aber er mußte es wissen.« Als die Kinder dort anlangen, stehen sie in einer Landschaft uralter Spukhaftigkeit.

Alt ist der Mond. »Alt ist er wie ein Rabe, / sieht manches Land. / Mein Vater hat als Knabe / ihn schon gekannt«, schreibt wunderbar Matthias Claudius. Wird der Anblick des Mondes jedoch als bedrohlich empfunden, dann wirkt die Vorstellung von seinem hohen Alter als Potenzierung des Spukhaften, Leblos-Untoten.

»Über die Maßen kurios – finden Sie nicht auch – daß die Menschen trotzdem gerade den Mond unter allen Gestirnen am meisten lieben? – Besingen ihn doch sogar ihre Dichter, die im Geruch stehen, Seher zu sein, mit schwärmerischem Geseufz und Augenverdrehen, und keinem werden die Lippen blaß vor Grauen bei dem Gedanken, daß seit Millionen Jahren Monat für Monat eine blutlose kosmische Leiche die Erde umkreist!« Das ist eine Bemerkung aus der merkwürdigen Erzählung »Die vier Mondbrüder«, die Gustav Meyrink 1917 veröffentlicht hat. Er bringt dort die eindringlich geschilderte Weltkriegs-Katastrophe, bei der die Maschinen die Menschen vernichten, zusammen mit dem unheilvollen Einfluß des Mondes. Und er fährt, nachdem er die Menschen ihrer Mondsentimentalität wegen verspottet hat, fort: »Da sind wahrlich die Hunde gescheiter – insonderheit die schwarzen –, die ziehen den Schweif ein und heulen den Mond an.« Ja, seit unvordenklichen Zeiten heulen die Hunde den Mond an (abgebildet ist der Vorgang auf vielen Varianten der Tarot-Karte XVIII, »La lune«, wo das Gestirn von zwei emporgereckt heulenden Hunden begleitet wird). Snoopy denkt in den *Peanuts* einmal über diese tausendjährige Tradition nach und sinniert, so lange hätten nun die Hunde zum Mond emporgejault: »The moon hasn't changed, and dogs are still dogs.« Die großartige Konsequenz dieses naiven Grübelns folgt im letzten Bildchen des vierteiligen *daily strip*: »That proves something, but I don't know what.«

Es beweist einen historischen Antagonismus von Hund und Mond, der so eng ist, daß er fast ein Bündnis scheint. Vor dem Menschen flog der Hund ins Weltall – Laika (»waisse, son aam klain Bastert wie unser Lotti«, sagte damals im Jahre 1957 Kumpel Anton zu Cervinski). Tatsächlich starb das Tier – was erst in unserem Jahrtausend veröffentlicht werden durfte – wenige Stunden nach dem Start von Sputnik 2 an Überhitzung. So töricht es ist, man fragt sich, was diese Hündin von ihren physischen Qualen abgesehen im Weltall »empfunden« haben mag. Und man sinniert auch: Was hält der Hund überhaupt vom Mond, was drückt sein Bellen und Heulen aus? Es hat immer wieder Versuche gegeben, Fiktionen zu entwerfen, deren Stimme »als Tier« spricht, aber sie gelingen selten. Doch in einem wunderbaren kleinen Buch des bedeutenden irischen Erzählers Lord Dunsany (*My Talks with Dean Spanley*, London 1935) glückt der Versuch, den Hund hündisch erzählen zu lassen. Die Konstruktion ist sehr hübsch: Der Erzähler entdeckt durch Zufall, daß ein gravitätischer kirchlicher

Würdenträger, ein Domdechant, sich in einer bestimmten (schwer herbeizuführenden) alkoholisierten Stimmung seiner früheren Inkarnation als Hund erinnert und davon mit größter, ihm selbst unbewußter Selbstverständlichkeit erzählt – solange der seltsame Schwebezustand andauert, in den ihn vor allem alter Tokajer zu versetzen vermag. Anschließend weiß er nichts mehr davon. Der Erzähler berichtet von diesen Sitzungen mit Dean Spanley als von Experimenten, die für die Menschheit von größter Wichtigkeit sind (da sie das Rätsel der Reinkarnation berühren). Auch faszinieren ihn die praktischen Informationen, die Hinweise auf die Usancen der Hundeexistenz (die man vielleicht einmal in einem anderen Leben brauchen könnte, vermöchte man sich ihrer zu erinnern). Der durch den Mund des Dean sprechende Hund der früheren Existenz erzählt beispielsweise davon, wie er sich einmal abends mit einem anderen Hund, den er soeben kennengelernt hat, unterhält.

»Und wie [mein Freund] noch sprach, geschah etwas, das ich schon geahnt hatte, droben auf dem Hügel. Es war bereits eine Zeitlang ein verdächtiger Lichtschein zu sehen gewesen, nicht die richtige Art von Licht, etwas zuviel Magie dabei für meinen Geschmack, etwas, auf das man gut achtgeben mußte. Und tatsächlich ging der Mond auf. Es war natürlich meine Aufgabe, das Haus zu bewachen, wenn der Mond so groß und plötzlich über diesen Hügel kam, wie es schon gelegentlich gewesen war, aber nun, da ich meinen Freund dabei hatte, fragte ich: ›Sollen wir ihn jagen?‹ Und er sagte: ›Ach ja, das machen wir.‹ Und wir liefen den Hügel hinauf, rascher als einem Kaninchen hinterher, und als wir droben waren, bellten wir den Mond an. Und der Mond hatte Glück, daß er nicht blieb, wo er war. Und je länger wir blieben, desto eigenartiger wurden die Schatten. Bald war um uns lauter Magie, es war mehr, als ein einzelner Hund anbellen konnte. Sehr magisch.

Als wir den Mond genug gejagt hatten, kamen wir durch den Wald zurück, und wir knurrten beide, als wir zu den Bäumen kamen, um das, was auch immer im Dunkel sein mochte, zu warnen, falls es uns bedrohen wollte. Es gab eine Menge Dinge im Wald, die mit dem Mond verbündet waren. Seltsame Dinge, die nicht bellten oder sich rührten oder nach etwas rochen, und man konnte sie nicht sehen, aber man wußte, daß sie da waren.«

Als der Hund dann sehr spät nach Hause kommt, ist die Tür verschlossen. »Und ich klopfte, aber es kam niemand. Und ich mußte rufen: ›Ich bin draußen in der Kälte.‹ ›Ich bin draußen in der Kälte‹, rief ich, ›Und der Mond verfolgt mich. Es ist eine furchtbare, furchtbare Nacht, und ich werde in der Kälte sterben, und mein Geist wird in diesem Hause spuken. Mein Geist wird im Haus winseln, wenn die Kälte und der Mond mich getötet haben. Ich bin ein armer Hund draußen im Dunkeln.‹« Man läßt ihn herein, und dann schlagen »die Weisen, die Großen« ihn mit einem Stock, »and when the beating stopped, everything was very very beautiful«. Der Mond löst hier »naturgemäß« das Mißtrauen des Hundes aus, der in ihm einen Gegner der häuslichen Welt erkennt, die er zu verteidigen hat.

Vor den domestizierten Hunden ließen die Wölfe ihr Geheul aufsteigen. Der Mond ist das Himmelszeichen, das die Stunde des Werwolfs anzeigt. Wie im Vampirkino das elegante Monstrum es peinlich vermeiden muß, sich der Sonne auszusetzen, so hat der mit dem Fluch der Lykanthropie Geschlagene in den Werwolffilmen immer (bis hin zur Komik) zu tun, daß ihn keiner sieht, wenn der volle Mond aufgeht und das Fell an seinen Wangen und Handflächen zu wuchern beginnt. Der Mond, der sich selbst ständig wandelt, ist das Emblem der Metamorphose.

Die Irrwege des Werwolfs durch die Filmgeschichte beginnen mit dem starken Bedürfnis der Firma Universal Pictures, den großen Erfolgen ihrer Monster-Filme *Dracula* (1931), *Frankenstein* (ebenfalls 1931) usw. wieder etwas ähnlich Unheimlich-Eindringliches folgen zu lassen, nachdem die Konkurrenten nun ebenfalls begonnen hatten, Horrorfilme zu drehen. So kam 1941 der erste große ikonische Film des Werwolf-Genres in die Kinos: *The Wolf Man*, zurückgehend auf den (allerdings stark veränderten) Roman von Guy Endore, *Werewolf of Paris* (1933). Viele weitere folgten. Wie das Vampirkino erzählen die Werwolffilme ihre Geschichten oft am Rande der hysterisch kichernden Parodie (*Frankenstein Meets the Wolf Man*, 1943; *I Was a Teenage Werewolf*, 1957, usw.). Dieser Hang zur Komik ergibt sich aus dem Beunruhigungspotential des Monströsen. Im Gegensatz zu der einigermaßen komplexen, weil in sich produktiv widersprüchlichen Vampir-Mythologie (Blut und Eleganz, Brutalität und Melancholie) ist das Werwölfische im Grunde die Ausfabulierung des einen vertrauten Satzes: Im Menschen steckt ein Tier. Der Mond spielt hier deshalb seine Rolle, weil er – selbst wandelbar und keine Nacht derselbe – die Umwandlung anzeigt. *The Wolf Man* zeigt dieses lunare Verhängnis nie direkt durch einen Schnitt auf den Mond am Himmel, doch er taucht seine Szenen in Mondlicht und vor allem redet er ständig vom Mond. Nicht weniger als dreimal sagen dem noch ahnungslosen Helden zu Beginn des Films verschiedene Personen das kleine Gedicht her: »Even a man who is pure at heart / and says his prayers at night, / may become a wolf when the wolfbane blooms / and the autumn moon is bright.« Und als man ihm zu erklären versucht, was ein Werwolf ist, fragt er ungläubig spöttisch zurück, ob da wirklich ein Mensch zum Wolf würde, zu einem Wolf, der beißt und schnappt – und den Mond anheult?

Daß sich gerade jemand, dem man es niemals zugetraut hätte, plötzlich verwandelt, ist wesentlicher Teil dieser Mythologie, und für den heutigen Zuschauer, der nicht weiß, daß Lon Chaney Jr. ebenso wie sein Vater ein klassischer Darsteller von unheimlichen Rollen war, ist seine Hauptrolle in *The Wolf Man* besonders wegen seiner alltäglich-unromantischen, stämmig-unbeholfenen Erscheinung interessant. Wenn dieser Mann zum Wolf wird, kann es jeden ereilen. In einem Cartoon des genialen Gahan Wilson – ursprünglich im *Playboy* – verwandelt sich der Weihnachtsmann soeben in einen riesigen weißen Werwolf (dem noch die traditionelle rote Santa-Claus-Kleidung über dem Fell hängt), und einer seiner Helfer sagt zum anderen (während die Rentiere verstört zum Fenster hereinschauen): »Wenn an Weihnachten mal gerade Vollmond ist, dann haben wir ein Problem!« (*Is Nothing Sacred?*, New York 1982).

Durch die Ferngläßer sieht der Mond zum Erstaunen rauh und uneben aus, alles wimmelt von hellen und dunckeln Flecken darauf. Etliche sind sehr groß und unregelmäßig, erscheinen als Flecke im eigentlichen Verstand wie ein Schmutz, dergleichen sehen wir mit blosen Augen und ein Theil von ihnen macht das aus was der gemeine Mann den Mann im Mond nennt.

LICHTENBERG, *Vorlesungen zur Naturlehre*

Das Symbol von Christian Morgensterns großartiger, zugleich märchenhafter und sprachlogisch hochreflektierter Groteskyrik ist bekanntlich der Galgen: *Galgenlieder* nannte er die Poeme, die aus dem Nukleus einer jugendlichen Geselligkeit (»ein modulationsfähiger Keim«) hervorgingen. Die kleine Bruderschaft konstituierte sich bei einem Ausflug nach Werder bei Potsdam, wo es einen »Galgenberg« gab, und sie entwarf allerlei phantastisch-antibürgerliche Rituale, bei denen die Sophia, die ewige Weisheit, als »Sophie, mein Henkersmädel« erschien. Die *Galgenlieder* gehören in der Öde der deutschen Lyrik des ausgehenden neunzehnten und frühen zwanzigsten Jahrhunderts zu den wenigen wirklich erstaunlichen Dichtungen. Ihr Verfasser schrieb einleitend: »Betrachten wir den ›Galgenberg‹ als ein Lugaus der Phantasie ins Rings. Im Rings ist noch viel Stummes. – Die Galgenpoesie ist ein Stück Weltanschauung. Es ist die skrupellose Freiheit des Ausgeschalteten, Entmaterialisierten, die sich in ihr ausspricht.«

Am Himmel über diesen Galgenlandschaften hängt ständig der Mond; er ist neben den liebenswürdig exzentrischen Verkörperungen des Geistes in Menschengestalt – Palmström, v. Korf, Palma Kunkel – vielleicht die stärkste Präsenz des Zyklus.

Dinge gehen vor im Mond
Die das Kalb selbst nicht gewohnt.

Tulemond und Mondamin
Liegen heulend auf den Knien.

Heulend fletschen sie die Zähne
Auf der schwefligen Hyäne.

Aus den Kratern aber steigt
Schweigen, das sie überschweigt. […]

Zu der letzten hier zitierten Zeile bemerkt der Dichter, der als »Jeremias Mueller, Dr. phil., Privatgelehrter« selbst einige Galgenlieder kommentiert hat (veröffentlicht als die Nachlaßsammlung *Das aufgeklärte Mondschaf*) ironisch: »Eine machtvolle Zeile«. Dem muß man jenseits aller Ironie zustimmen. Das Wesen der Mondkrater ist das Schweigen, das alles Geheul, welches unsere Phantasie auf dem Monde anstimmen mag, geheimnisvoll »überschweigt«. Doch hatte für meine Kindheit größere Rätselkraft der Name jenes Wesens, das hier mit Mondamin zusammen »heulend auf den Knien« lag: Tulemond. Es war für mich ein – vage wohl mit »Tulipan« verwandter – Märchenname, der über das erkennbar Mondhafte hinaus ohne weitere Erklärbarkeit war, und es dauerte lange, bis ich begriff, daß hier eine französische Wendung per Assonanz als Geselle des Markennamens Mondamin auf den Mond geraten war: *tout le monde*. Eine verwandte Deformation hat vor langer Zeit die Tarot-Karte »Le Monde« im österreichischen Tarock erfahren, wo sie nun »Der Mond« heißt und mit Pagat und Sküs die Trull bildet, die Gruppe der drei besonders mächtigen Trumpfstücke. »Trull« scheint ebenfalls eine Verballhornung zu sein, aus »les trois«.

Die Mondlandschaften leuchten bei Morgenstern immer wieder auf. Dem berühmten Gedicht vom Mondschaf (»Das Mondschaf steht auf seiner Flur. / Es harrt und harrt der großen Schur. / Das Mondschaf.«) hat er sogar eine lateinische Parallelversion an die Seite gestellt, die ein wunderbares Beispiel für den *ablativus absolutus* enthält: »Das Mondschaf rupft sich einen Halm / Und geht dann heim auf seine Alm« wird zu »Lunovis herba rapta it / In montes, unde cucurrit.« Zu solchen lunaren Phantasien kehren die Galgenlieder immer wieder zurück, und der winzige Zyklus »Korf und Palmström wetteifern in Notturnos« enthält eine Chinoiserie, wo wir kurz das Grab »des vom Mond erschlagenen Hundes« erblicken.

Wie groß die Beliebtheit der Galgenlieder im ersten Drittel des zwanzigsten Jahrhunderts beim deutschen Bürgertum war, zeigen die Erinnerungsromane von Walter Kempowski. Sein sorgfältig konstruiertes Mosaik aus Chronikdetails enthält immer wieder *Galgenlieder*-Sätze (meist der Spur nach zitiert). Als der Vater auf dem Lande einen kriegsgefangene Russen bewachenden Posten inspiziert und feststellen muß, daß der Mann sein Gewehr gar nicht geladen hat, beginnt er zu toben. »Sehen Sie sich das an! Bewacht 5 Russen und hat sein Gewehr nicht geladen! … Dinge gehen vor im Mond, die ist das Kalb nicht mal gewohnt!« Vater Kempowski begegnet übrigens an unerwarteter Stelle einem anderen Kenner. »Beisitzer beim Kriegsgericht. Das wäre auch nicht gerade schön. Jija-jija. ›Sie denken wohl an Morgenstern‹, habe der Kriegsgerichtsrat gesagt, als er mal um Milde gebeten habe: ›es kann nicht sein, was nicht sein darf?‹ – Ein gebildeter Mann das. ›Nein, bester Herr, diese Leute gehen darauf aus.‹« So versinkt plötzlich die leichteste und klügste Gedanken-Lyrik der deutschen Prämoderne im Dreck des Dritten Reiches.

Den schönsten Auftritt hat der Mond in den *Galgenliedern* als reine, ironisch die eigene Wandelbarkeit anzeigende Zeichenhaftigkeit: »Als Gott den lieben Mond erschuf, / gab er ihm folgenden Beruf: / Beim Zu- sowohl wie beim Abnehmen / sich deutschen Lesern zu bequemen, / Ein A formierend und ein Z,« – die Buchstaben ergeben in deutscher Schreibschrift eine nach links und eine etwas verschnörkelt nach rechts geschwungene Halbkreislinie – »daß keiner groß zu denken hätt.« Ehe die ironischen Schlußzeilen »Befolgend dies ward der Trabant / ein völlig deutscher Gegenstand« uns ablenken auf das Feld der Kulturkritik und Morgensterns Galgen-

Phantasie die nationalen Ansprüche fast sardonisch ans Maß des Kosmischen hält, sollte man rasch die elegante Beiläufigkeit bewundern, mit welcher der Dichter den Mond zum reinen Zeichen werden läßt (welches in seiner Doppelung das ganze Alphabet umschließt und somit von A bis Z Schrift schlechthin an den Himmel malt). Der Mond ist das uralte Signum des ewig gleichen Wandels, der unsere Zeit bestimmt, intimer als der Sonnenlauf des Jahres, gültiger als die Drehung der Erdachse mit Tag und Nacht. Ehe der Mensch die Schrift erfindet und rechnen lernt, sieht er dieses Zeichen am Himmel stehen und versucht es zu deuten.

Der Mond in seiner Zeichenhaftigkeit läßt in seinem leeren Rund jeden das sehen, was er zu sehen erwartet. Die Fleckigkeit der leuchtenden Mondenscheibe lädt uns ein, wie in einer verschmutzten Tapete oder an einer alten Mauer (was Leonardo dem Künstler als Übung anrät) Bilder zu entdecken. Wir sehen, wenn man es uns in der Kindheit erzählt hat, den Mann im Mond; die Chinesen sehen den göttlichen Hasen mit seinem Mörser, in dem dieser lunare Alchimist das Lebenselixier zubereitet. Unser einheimischer Mann im Mond ist schon lange vor Bassewitz ein Holzdieb – man erkennt (wenn man es weiß) seine Axt und sein Reisigbündel. In der *Deutschen Mythologie* von Jacob Grimm notiert der Autor: »Shakspeare [sic] redet einigemal von dem mann im mond, seinem hund und seinem dornbusch.« Tatsächlich muß ja im *Sommernachtstraum* einer von den naiven Handwerkern, die bei Hofe ihr Theaterstück von Pyramus und Thisbe aufführen wollen, den Mondschein spielen, und das geschieht »mit einem Dornbusch und einer Laterne«.

Neben dieser bekannten Figuration erwähnt Grimm nicht ohne eine gewisse Verwunderung, daß bei »verschiedensten Nationen« im Mond ein Hase erscheint. Als Kind versuchte ich nach naiver chinesischer Lektüre, den Alchimistenhasen im Mond zu erkennen; es gelang mir nicht. Dafür las ich in den *Chinesischen Volksmärchen* von Richard Wilhelm, einem Buch, das mich mit seiner fremden Götterwelt, seinen Höllen, Fuchsgeistern und zauberkräftigen Gelehrten unendlich faszinierte, im Abschnitt über »Die Mondfee« einen jener wunderbaren Erzählanfänge, an denen dieses Buch reich ist: »Ein Kaiser aus dem Hause Tang saß einmal in der Mittherbstnacht mit zwei Zauberern beim Wein.« Einer dieser beiden wirft eine Bambusstange in die Luft, die zu einer Brücke wird, auf welcher die drei in den Mond wandeln können. Sie kommen zu einem Gebäude, an dem zu lesen ist: »Die weiten Hallen der klaren Kälte.« Ein intensiv duftender Kassiabaum steht daneben. »Ein Mann saß auf dem Baum, der mit einer Axt die Nebenzweige abhieb. Der eine Zauberer sprach: ›Das ist der Mann im Monde. Der Kassiabaum wächst so üppig, daß er mit der Zeit den ganzen Glanz des Mondes beschatten würde. Darum muß er alle tausend Jahre einmal abgehauen werden.‹ … Neben dem Baume aber stand ein Mörser aus weißem Marmelstein. Ein Hase aus Jaspis zerstieß darinnen Kräuter.«

Denkt man über die Mondgeschichten nach, die man einmal gehört oder gelesen hat, ist es verwirrend, daß häufig eine Axt in diesen Erzählungen auftaucht. Der Freiherr von Münchhausen, in türkischer Kriegsgefangenschaft versklavt, schleudert seine Axt einmal so schwungvoll nach zwei (den ihm anvertrauten Bienen des Sultans nachstellenden) Räubern, daß sie bis in den Mond fliegt, und so muß er – gewiß ein Echo des englischen Märchens »Jack and the Beanstalk« – eine jener »türkischen Bohnen« pflanzen, die »sehr geschwind und zu einer ganz erstaunlichen Höhe« emporwachsen. Er klettert hinauf: »Es war ein ziemlich mühseliges Stückchen Arbeit, meine silberne Axt an einem Orte wiederzufinden, wo alle anderen Dinge gleichfalls wie Silber glänzten« (eine Bemerkung, in der sich viel Einfühlung in eine phantasierte Situation zeigt). Als er zum anderen Mal in den Mond gerät, lernt er dessen Bewohner kennen, die sich wie Vegetabilien vermehren. »Die Freuden der Liebe sind im Monde gänzlich unbekannt … Alles wächst auf Bäumen.« So haben wir die Axt und die Bäume im Mond wieder zusammen.

Daß eine Axt im Mond verloren geht, scheint nicht überraschend, ist der Mond doch – wir haben es vergessen – der Ort alles Verschollenen. Unter den vielen spektakulären Illustrationen, die Gustave Doré für den *Orlando Furioso* geschaffen hat, zählt jene zu den eindrucksvollsten, die uns zeigt, wie Astolfo und der heilige Johannes im Triumphwagen des Elias (gezogen von vier Flügelpferden) den Mond anfliegen, einen riesigen kraterübersäten Himmelskörper in fast bildfüllender halber Untersicht; hier projiziert das neunzehnte Jahrhundert seine Wissenschaftspoesie in die Renaissance zurück. Ariost läßt den treuen Freund Astolfo deshalb mit solch erhabener Hilfe zum Mond reisen, weil dieser Himmelskörper – eine großartige und bedrohliche Vorstellung – der Ort ist, wo sich alle verlorenen Dinge versammeln, wo also auch der verlorene Verstand des wahnsinnig gewordenen und deshalb fortan »rasenden« Roland zu finden sein muß. Nichts scheint logischer, denn der Mond raubt ja insbesondere den Verstand, er macht verrückt, und der Wahnsinnige heißt auf Englisch *lunatic*.

Die Vorstellung, daß das, was wir hienieden verlieren, im Mond aufbewahrt wird, muß einmal recht verbreitet gewesen sein. In Alexander Popes entzückendem kleinem pseudo-heroischen *(mock-heroic)* Poem *The Rape of the Lock* (1712–1714) überlegt man ebenfalls, wo sich die skandalöserweise geraubte Locke des Titels wohl nun befinden mag:

Some thought it mounted to the lunar sphere,
Since all things lost on earth are treasured there.
There heroes' wits are kept in pond'rous vases,
And beaux' in snuff-boxes and tweezer-cases.
There broken vows, and death-bed alms are found,
And lovers' hearts with ends of riband bound,
The courtier's promises and sick man's prayers,
The smiles of harlots, and the tears of heirs,
Cages for gnats, and chains to yoke a flea,
Dried butterflies, and tomes of casuistry.

Ein wenig frei übersetzt:

Sie sei vielleicht jetzt in der Mondensphäre,
Weil, was verloren, dort bewahret wäre:
Verstand von Helden in massiven Vasen,
Verliebtes Herz, verschnürt mit rosa Phrasen,
Verstand von Stutzern (in Schnupftabaksdosen),
Gebrochene Schwüre, Totenbettsalmosen,
Des Höflings Wort, des Kranken betend Stöhnen,
Der Huren Lächeln und der Erben Tränen,
Karzer für Mücken, Ketten für den Floh,
Schmetterlingsmumien und dürres Stroh.

•

Grün ist der Mond
wenn er als Gärtner verkleidet
das junge Gemüse
auf das Messer vereidigt.
FRITZ GRASSHOFF, »Kaleidoskop«

Man sieht, starrt man konzentriert in den Mond, was man hofft oder fürchtet. Sehr eindringlich zeigt dies Oscar Wilde in seinem Einakter *Salomé* (auf Französisch geschrieben und veröffentlicht 1891; die englische Übersetzung 1894 stammt von dem geliebten und fatalen Lord Alfred Douglas). Der Vorhang hebt sich und man sieht eine mondbeglänzte Bühne; die Szene zeigt eine Terrasse des Palasts von König Herodes, über deren Brüstung sich einige Soldaten lehnen, um dem unten stattfindenden Bankett zuzuschauen. Fast zu Beginn sagt der Page der Herodias (der in den jungen Syrer, den Hauptmann der Wache, verliebt ist): »Sieh den Mond! Wie seltsam! Der Mond ist wie eine Frau, die sich aus dem Grab erhebt. Wie eine tote Frau. Man könnte meinen, sie sucht nach toten Dingen.« Und der junge Syrer (der in Salome verliebt ist) erwidert oder spricht einfach vor sich hin: »Sie …« Aber hier muß man einen Augenblick innehalten. Diese *sie* ist der weibliche Mond, Luna, der Mond, »den« (wie wir Deutschen nun einmal sagen) nicht nur die Franzosen *(la lune)*, sondern auch die Engländer als weiblich voraussetzen. Im Englischen geschieht dies wohl durch Einfluß des Französischen und Übernahme aus der Antike; die Engländer, die zwar keine differenzierten Geschlechtswörter gebrauchen, sprechen doch von *the moon* per *she* (und von der Sonne poetisch als *he*). Im Kino muß manchmal die Sychronisation kleine Umwege gehen, und Totò sagt dann zu Beginn von Pasolinis *Große Vögel – kleine Vögel*: »Mit Luna, dem Monde, ist nicht zu spaßen …«

Halten wir also einen Moment inne und schlagen wir die vielleicht schönste *deutsche* Mondgeschichte auf. »Erzählen wir ruhig und ohne Aufregung. Ich bin ein selbst für Deutschland außergewöhnlich nüchterner Mensch und verstehe es, meine fünf Sinne zusammenzuhalten.« So ostentativ gelassen beginnt Wilhelm Raabes »Deutscher Mondschein«, die von Nervosität vibrierende Geschichte einer Verrücktheit. Sie spielt auf Sylt, und der Erzähler steht zu Beginn am Fuß eines hohen Dünenabhangs. »Die Sonne hatte vor fünf Minuten Abschied genommen, als plötzlich auf der Höhe der Düne zur Linken, ungefähr siebenzig Fuß über meinem Kopfe, ein Mensch erschien, der unbedingt im eiligsten Laufe an dem Abhange anlangte, die Arme gegen den Abendhimmel emporwarf, dann sich niederkauerte und mit einem Male zu meinem haarsträubenden Grausen den schroffen, fast senkrechten Hügel herabrutschte – schurrte – schoß! – Ehe der Ruf des halben Schreckens und des ganzen Erstaunens, den ich ausstieß, verhallt war, saß der Mensch schon am Fuße der Düne im weichen Sande zwischen einem dorthin angespülten halben Faß und einer zerbrochenen Schiffslaterne und sah mit weitoffenem, schreckensbleichem und doch zugleich zu einem offenbaren Grinsen sich verziehenden Munde mich, den Herbeieilenden, an und rief, schrie oder vielmehr heulte: ›Er – sie – ist hinter mir her! Ich bitte um Entschuldigung, mein Herr, aber – wer kann gegen seine Nerven –‹ – ›Wer? Was? Wer ist hinter Ihnen?‹ schrie ich, an der grauen Dünenwand emporstarrend, ohne etwas Bedrohliches zu erblicken. […] ›Er – sie – der Mond – Luna – Selene! Nein, nein, nicht Luna und Selene, sondern er, der Mond, der verruchte deutsche Mond! Eben geht er hinter den Watten auf und wird in einigen Minuten dort über die Höhe hinter mir her sein!…« Solcherart beschwört ein vom Monde Verfolgter – der nachher noch einmal zu hören sein wird – das maskuline Wesen des deutschen Mondes.

Fahren wir nun fort, lassen wir dem jungen Syrer das Wort, das ambivalente Geschlechtswort: »Sie sieht seltsam aus. Sie ist wie eine kleine Prinzessin, die einen gelben Schleier trägt, und ihre Füße sind aus Silber. Sie ist wie eine Prinzessin, die als Füße kleine weiße Tauben hat. Man könnte meinen, daß sie tanzt.« Ein wenig später tritt Salome auf die Terrasse, und sie spricht: »Wie gut, den Mond zu sehen. Er ist wie ein kleines Geldstück; man könnte meinen, er ist eine kleine silberne Blume. Der Mond ist kalt und keusch. Ich bin sicher, er ist eine Jungfrau. Die Mondenscheibe hat die Schönheit einer Jungfrau. Ja, sie ist eine Jungfrau. Sie hat sich nie befleckt. Sie hat sich nie Männern hingegeben wie die anderen Göttinnen.« Und so geht es fort. Der Page der Herodias sagt angstvoll: »Oh! Wie seltsam der Mond aussieht. Man könnte meinen, er ist die Hand einer toten Frau, die sich mit einem Leichentuch bedecken möchte.« Der junge Syrer setzt hingerissen hinzu: »Sie sieht seltsam aus! Sie ist wie eine kleine Prinzessin, deren Augen aus Bernstein sind. Durch die Musselinwolken hindurch lächelt sie wie eine kleine Prinzessin.« Das Königspaar tritt auf. Der unruhige Tetrarch Herodes spricht zerstreut und beklommen: »Der Mond sieht seltsam aus heute nacht. Sieht die Mondenscheibe nicht seltsam aus? Sie ist wie eine verrückte Frau, eine verrückte Frau, die überall nach Liebhabern sucht. Und sie ist nackt. Sie ist ganz nackt. Die Wolken wollen ihre Nacktheit bedecken, aber sie läßt es nicht zu. Sie zeigt sich nackt am Himmel. Sie taumelt durch die Wolken wie eine verrückte Frau … Ich bin mir sicher: Sie sucht nach Liebhabern. Taumelt sie nicht umher wie eine trunkene Frau? Sie ist wie eine verrückte Frau, nicht wahr?« Seine Gattin Herodias, auf welche die soeben erfolgte Beschreibung weitgehend passen würde, antwortet: »Nein. Der Mond ist wie der Mond, das ist alles. Laß uns hineingehen …« Nur die brüske Tautologie – der Mond ist wie der Mond – kann den Strom der Metaphern anhalten, die im Zeichen des »Man könnte meinen …« *(On dirait … you would think …)* aus der leeren Mondenscheibe hervorquellen. Doch es gelingt nur momentan. Und der Tetrarch schlägt bald das eigentliche Thema des Stückes an, das sich hinter der verführerischen Schönheit der Salome verbirgt und das der Page zu Anfang schon evoziert hat: das des Todes. Die Unterhaltung kommt auf Jesus. »HERODES Er weckt die Toten wieder auf? ERSTER NAZARENER Ja, Herr, er weckt die Toten auf. HERODES Ich wünsche nicht, daß er das tut … Man soll ihn suchen und ihm von mir ausrichten, daß ich es nicht erlaube, die Toten aufzuerwecken. Wasser in Wein verwandeln, die Aussätzigen und die Blinden heilen … dergleichen mag er tun, wenn er will. Ich sage nichts gegen diese Dinge. Tatsächlich scheint es mir eine gute Tat, einen Aussätzigen zu heilen. Aber ich gestatte keinem, die Toten aufzuwecken. Es wäre entsetzlich, wenn die Toten wiederkämen.« Und die runde, glänzende Mondenscheibe wird zum silbernen Schild, auf dem der »mächtige schwarze Arm« des Scharfrichters das Haupt des erschlagenen Johannes aus der Tiefe emporhebt, und schließlich zu den Schilden, mit denen die Soldaten des Herodes (»Man töte dieses Weib!«) Salome zermalmen. Vorher aber hat der Mond bewiesen, daß wir in seinem zauberisch leeren Kreis all das ahnen und sehen, was in uns selbst umgeht, wir, die Projektionsapparate variabler Subjektivität.

Die Beliebigkeit dieser Projektion zeigt sich bereits an jener grundlegenden Dichotomie, welche die Übersetzung der Zeilen von

Wilde erschwert: Der Mond ist für die meisten Kulturen und Sprachen weiblich, im Deutschen nun aber einmal männlich. Wo andere Nationen Diana sehen oder ein anderes schönes Weib, keusch oder lasziv, sehen wir einen männlichen und mittlerweile in seinen historischen Personifikationen meist eher gemütlich erscheinenden Herrn Mond (»Im Apfelbaum sitzt auch der Mond / und hat dem Feste beigewohnt«: Hier zeichnet Wilhelm Busch in *Schnurrdiburr oder die Bienen* einen Mond mit Schlafrock, besticktem Käppchen und langer Pfeife, ganz der behäbige Hausvater der Gartenlaube-Ära, dem allerdings ein gewisser Charme durch sein prekär-kindhaftes Thronen im Geäst des Baumes zukommt). In einer der schönsten Erzählungen des Symbolismus, »The Happy Hypocrite. A Fairy Tale for Tired Men« (erschienen 1896 in *The Yellow Book*, fünf Jahre, nachdem Wilde seine *Salomé* geschrieben hatte), verschiebt der unnachahmliche Max Beerbohm diese mythologische Konvention in verblüffender Weise. Lord George Hell, ein reicher und verderbter Roué, wird von Amors Pfeil getroffen (buchstäblich) und verliebt sich wider alles Erwarten in tiefstem Ernst in ein junges Mädchen, das ihm jedoch sagt, es müsse seinen Heiratsantrag zurückweisen. Ihr Herz, fährt die junge Frau fort, könne nur einem Mann gehören, der die Züge eines Heiligen habe. Da geht Lord George zum Maskenmacher in der Old Bond Street. »›Maske eines Heiligen, Mylord? Gewiß!‹ sagte Mr. Aeneas geschäftig. ›Mit oder ohne Heiligenschein?‹« Und um den in tiefes Sinnen versunkenen Aristokraten ein wenig zu unterhalten, während die Maske präpariert wird, erzählt Mr. Aeneas eine Geschichte.

»[Lord Georges] Blick fiel unbewußt auf eine große runde Maske aus mattem Silber, die auf der Oberfläche die Züge eines Menschengesichtes in feinem Filigran zeigte. ›Eure Lordschaft fragen sich, was das für eine Maske ist?‹ zwitscherte Mr. Aeneas und klopfte mit einem seiner kleinen Fingernägel dagegen. ›Was ist das für eine Maske?‹ murmelte Lord George abwesend. ›Ich sollte es nicht ausplaudern, Mylord‹, sagte der Maskenmacher. ›Aber ich weiß, Eure Lordschaft werden ein Berufsgeheimnis respektieren, ein Geheimnis, das mich zu Recht mit Stolz erfüllt. Dies‹, sagte er, ›ist eine Maske für den Sonnengott Apoll, den der Himmel segne!‹ ›Ihr setzt mich in Erstaunen‹, sagte Lord George.«

Und Mr. Aeneas vertraut ihm an, daß dieser Gott, voller Trauer, weil er nie die Menschen in den Nächten zu Gesicht bekommt, zu der Zeit also, da sie göttergleich trinken, tanzen und frohlocken, sie einmal nachts zu belauschen versucht – doch als die Sonne ihr Gesicht über den Horizont schiebt, glauben die Menschen verwundert, der Tag sei wieder da, und erheben sich von ihren Festen und gehen zur Arbeit. Der Gott will schon daran verzweifeln, je dieses erhabenen Anblicks teilhaftig zu werden, da fertigt Vulkan ihm eine silberne Maske, und diese Tradition vererbt sich auf die jeweils kunstfertigsten Maskenmacher einer Epoche. »›Und die Menschen haben nie gewußt, daß Apoll ihnen oft bei Nacht zusieht, sondern haben stets geglaubt, es sei irgendeine blasse Göttin.‹ ›Ich selbst meinte immer, es sei Diana‹, sagte Lord George Hell. ›Ein Irrtum, Mylord!‹ sagte Mr. Aeneas lächelnd. ›Ecce signum!‹ Und er pochte an die Maske aus mattem Silber.«

Die Décadence spielt gerne mit den Geschlechtsrollen, doch in dieser Geschichte – die zum Subtilsten gehört, was das späte neunzehnte Jahrhundert über Wahrheit und Lüge »im außermoralischen Sinne« zu sagen weiß – ist die Maske die höhere Realität und der Mond die geheime Erscheinung der sehnsüchtigen Sonne.

Abends,
unter den Silberpappeln
sitzen wir mit unseren Jungens.

»Mutter, Mutter, der Mond is kaput!«
ARNO HOLZ, *Phantasus*, Erstes Heft (1898)

In Heinrich Manns *Professor Unrat* singt »die Künstlerin Fröhlich« – in Josef von Sternbergs Verfilmung von Marlene Dietrich dargestellt – in der Blaue-Engel-Kneipe ein Chanson, das ihr einer der sie verehrenden Gymnasiasten verfaßt hat:

»Der Mond ist rund, und alle Sterne scheinen,
Und wenn du lauschest, an dem Silbersee
Steht deine Liebe, und du hörst sie weinen …«

Die Nummer langweilt das Publikum. »Die Künstlerin Fröhlich verkündete zum drittenmal: ›Der Mond ist ruhnd.‹ – ›Dat weit wi nu‹, sagte jemand, breit und entschieden.«

Rund? Der Mond tritt uns am Nachthimmel meist, so herum oder so herum, als Sichel, Fruchtschnitz oder als halbgelutschtes Bonbon entgegen, doch für unsere Bildwahrnehmung ist seit den Kinderbüchern der große runde Zirkel dominant, der pralle, gelbe Mond; die kleinen Kinder sagen mit eifriger Ernsthaftigkeit und begleitenden, »malenden« Gebärden: »Der Mond ist rund, der Mond ist rund, er hat zwei Augen, Nas und Mund.« Nimmt er noch zu oder schon wieder ab, erscheint der Mond der kindlichen Wahrnehmung (die wir lange aufbewahren) defekt, »kaput«. Als Vollmond aber erinnert er triumphal an ein Menschenantlitz, an einen Glatzkopf; in Kästners *Das fliegende Klassenzimmer* macht ein Lehrer jahrein, jahraus den traditionellen Witz: »Wir wollen vom Monde sprechen, sehen Sie mich an!« Und eben im *Professor Unrat* nennt der Gymnasiast Lohmann seinen Klassenkameraden, den stiernackigen, am Unterricht verzweifelnden »armen, breiten Junker« von Ertzum, liebevoll den »besoffenen Mond«.

Wenn der Mond ein Kopf ist, wo ist dann der Leib? In Puccinis *Turandot* sehnt zu Beginn des ersten Akts die blutdürstige Menge vor den Mauern Pekings den Mondaufgang herbei, da er das Zeichen für die ersehnte Hinrichtung sein wird. Der Tod steht dem Prinzen von Persien bevor, der, glückloser Freier, die drei Rätsel Turandots nicht zu lösen vermochte. »Perchè tarda la luna?« singt das Volk. Und in langem Wechselgesang wird der Mond beschworen, sich endlich zu zeigen – »Presto, vieni! Spunta! O testa mozza!« Der Mond, das Signal für den Scharfrichter, ist selbst ein »abgeschlagenes Haupt«.

Erinnert er nicht an ein Menschenhaupt, so vielleicht an dessen Gegenteil. Daß die leuchtende Scheibe eines Himmelskörpers als riesiger Hintern aufgefaßt wird, ist seit Arno Schmidts grandios überdrehter Karl-May-Interpretation in *Sitara und der Weg dahin* ein vertrauter Topos, doch ist Schmidt keineswegs der Erfinder dieser Phantasie. Die Gleichung Arsch = Mond ist tief im Volkswitz und der Volkssprache verankert. Der lange Zeit unter amerikanischen Studenten endemische Brauch, Passanten (vorzugsweise aus dem dahinrasenden, überfüllten Auto heraus) den nackten Hintern zu zeigen, wird mit dem Verbum *to moon (somebody)* bezeichnet. In Frankreich kann man ins neunzehnte Jahrhundert zurückgehen, man findet dort bei einem seinerzeit vielbeschäftigten Chansonlieferanten in einem Liedchen über die kleinen Kinder, die einem im Park auf die Nerven gehen, unter anderen die Zeilen: »Comme autrefois dans l'pays grec, / Aux passants il montrent la lune, / Et même l'télescope avec, / Sans rétribution aucune.« (Léon Xanrof, »Les Enfants«, in *Chansons à Rire*, 1892) Etwa: »Wie einst im Griechenlande / zeigen sie den Vorbeikommenden den Mond, / und sogar noch dazu das Teleskop – / ohne irgendeine Strafe.« Die Vorstellung, daß sich bei den frech-unschuldigen kleinen Jungs der Arsch-Mond zeigt und das Schwänzchen-Teleskop gleich dazu, ist von herrlich komischer Plausibilität, doch schon vor der Erfindung des Fernrohrs war die metaphorische Nachbarschaft von Mond und Hinterteil offenbar eine Selbstverständlichkeit, wie wir an einer unerwarteten Stelle nachlesen können: In einem Spottgedicht der mittelhochdeutschen Literatur, dessen Verfasser einem schlechten Poeten seine Verachtung zeigen möchte, der sich ungehörigerweise mit Herrn Walther von der Vogelweide verglichen hat, heißt es abschätzig: *»Ir sît gelîch als ars und mane.«* Ihr und Walther, ihr gleicht euch so wie Arsch und Mond; hier wird die Ähnlichkeit als eine bloß äußerliche und oberflächliche betont, tatsächlich sollen die beiden Rundungen, die beiden Dichter unvergleichbar sein.

In einem schönen Brief Lichtenbergs an seine Frau Margarete Elisabeth werden schließlich »rund und nett«, wie diese Epoche gerne für »rundheraus« sagte, Haupt und Hintern zärtlich zusammengeführt: der Anblick der »beyden Gesichter« des Söhnchens wird evoziert (15. April 1792): »Das No. 1 war schön, rund und freundlich wie die Sonne, das andere No. 2 blanck und still wie der volle Mond, oder eigentlich wie das erste und letzte Vierthel gegen einander gestellt.«

o

> I had had an affair with the moon, in which there was neither sin nor shame.
>
> LAURENCE STERNE, *A Sentimental Journey* (»The Monk. Calais«)

Die eigentliche Produktionsepoche des filmkomödiantischen Teams Laurel und Hardy umfaßt die Jahre 1927–1940; einer ihrer ersten längeren Tonfilme (56 Minuten) fällt in das Jahr 1931: *Pardon Us*. In diesem Gefängnisfilm – vom Produzenten Hal Roach als eine Art Parodie auf MGMs Zuchthausdrama *The Big House* vom Vorjahr angelegt – gelingt es Stan und Ollie (naiven Alkoholschmugglern im Gefängnis) bei einer Häftlingsrebellion zu entkommen und sich auf einer Baumwollplantage zu verbergen, wo sie sich zur Tarnung mit geschwärzten Gesichtern unter die Erntearbeiter mischen. Da sie nun schon einmal *in blackface* sind – einem traditionellen Kostüm singender weißer Variété-Entertainer –, singt Ollie mit großem Brio (begleitet vom »Etude Ethiopian Chorus«) ein sentimentales Liedchen, zu dem Stan einige virtuose Tanzschritte beisteuert. In dem Lied *Lazy Moon* wird der Mond seiner Faulheit wegen getadelt und angefleht, endlich zu erscheinen, denn die Liebste hat versprochen, im Mondschein, »when the night is bright and clear«, zum Rendezvous zu kommen. »Lazy moon, lazy moon, / Why don't you show your face upon the hill? / Lazy moon, lazy moon, / You can make me happy if you will! / Now when my baby sees your face a-peeping, / Then I'm sure her promise she'll be keeping. / Tell me what's the matter – are you sleeping, / Lazy moon?« Zweimal wird der Mond gebeten, sein Gesicht zu zeigen; er ist eine Art freundlicher Person, der gütige Kuppler der harmlosen Liebesbegegnungen »in the lane tonight«. Der Charme dieses reizvollen Auftritts liegt darin, daß hier ein – geschwärztes – Mondgesicht den Mond ansingt, der mondenrunde Oliver Hardy die Vollmondscheibe. Ollies Gesangsauftritte (und das Tanzen beider) in diesen Filmen sind so gut, daß sich die Filmhistoriker gelegentlich gewundert haben, warum Laurel & Hardy einen solchen *song and dance*-Auftritt nicht zu einem ähnlichen Markenzeichen ihrer Kinoerzählungen gemacht haben wie Stans Weinen, Ollies resignierte Blicke in die Kamera oder das Vertauschen der Hüte. Hier singt Mr. Hardy ein Lied, das den Mond als erotischen Komplizen ins Vertrauen zieht. Acht Jahre später zeigt der Film *Flying Deuces*, eines ihrer letzten großen Werke, die beiden bei der Fremdenlegion, in die sie sich wegen Ollies Liebeskummer geflüchtet haben, weil hier »Männer das Vergessen suchen«. Beinahe sofort, als Ollie – wie er dem Kommandanten gegenüber einräumen muß – vergessen hat, was er in der Legion vergessen wollte, beschließen die beiden unbefangen, wieder aufzubrechen und schlendern in Zivil mit ihren Koffern über den Kasernenhof, wo gerade eine kleine Militärkapelle spielt – mit einem Anklang von Musettemusik. Und man hört einen anderen alten Schlager (wie »Lazy Moon« stammt er aus den ersten Jahren des zwanzigsten Jahrhunderts), die beiden bleiben stehen und Ollie beginnt zu singen und Stan tanzt, und wieder spricht der mondgesichtige Sänger zum Mond: »Shine on, Harvest Moon«. In diesem Song wird der spätsommerliche Mond aufgefordert, sein Licht zu verbreiten, weil es im Winter zu kalt ist für die Liebe; die elliptische Logik des Textes zeigt, daß ein enger Zusammenhang zwischen Mondlicht und Verliebtheit nicht konstruiert werden muß, weil er immer bereits vorausgesetzt ist, und man könnte eine endlose Reihe von alten Schlagern aus alten Filmen zitieren, die das simple und unausweichliche Ineinander von Liebe und Mond beschwören: »Old man Moon, wake up now, 'cause I've fallen in love ...« (*Topper*, MGM, 1937). Daß man das Aufgehen des Mondes mit Gesang begrüßen sollte, wird an ganz unerwarteter Stelle vorausgesetzt, wenn in einer *hard-boiled*-Erzählung (»Finger Man«) von Raymond Chandler ein kleiner Gangster plötzlich provozierend fragt: »Und was machen wir jetzt? Warten, bis der Mond aufgeht, damit wir eins singen können?«

Die filmische Existenz von Laurel und Hardy ist asexuell, doch ist sie mit erotischen Signaturen dekoriert in dem Sinne, daß insbesondere Ollie entzückt ist über jede Gelegenheit altfränkisch-südstaatlicher Höflichkeit gegenüber der Damenwelt und über jeden Anlaß zum automatischen Ritual der Flirtanknüpfung (»Wir hatten in letzter Zeit sehr viel Wetter«). Die erwähnten Liedchen zelebrieren eine romantische, aber konventionell harmlose Situation: das unter Küßchen Herumspazieren im Mondschein. Wenn Stan und Ollie mit Mädchen zusammen sind (nicht mit ihren Ehefrauen, das ist ein ganz anderes Register ewiggleicher Komik), hat in den wenigen ruhigen Augenblicken, welche die Handlung zuläßt, das erotische Glück von Stan dieselbe verwunschene Stasis, wie wir sie auf einem berühmten Bild von Watteau sehen: *Pierrot content*. Dort sitzt der reglos lächelnde Pierrot, die Hände auf den weißen Schenkeln und starr versunken geradeaus sehend, zwischen zwei modischen Damen, deren seitlich gruppierte Kavaliere ihn nicht stören. Tatsächlich gehören Stan und Ollie an das (immer nur vorläufige) Ende einer *commedia dell'arte*-Tradition, die eine ihrer ersten großen bildkünstlerischen Verkörperungen in der Malerei des frühen achtzehnten Jahrhunderts erlebt, bei Watteau, Pater, Lancret, und sie sind trotz ihrer (ebenso abstrakten) schwarzen oder grauen Anzüge und schwarzen Hüte geheime Verwandte der weißen Pierrots.

Zwischen dem Rokoko und dem Slapstickkino erlebt der Pierrot nach dem Untergang der höfischen Maskeradenwelt eine erstaunliche Wiederauferstehung in Theater und Kunst des neunzehnten Jahrhunderts. Marcel Carnés großer Film *Les Enfants du Paradis* (1945) setzt drei historischen Figuren um 1830 ein Denkmal: dem Schauspieler Frédérick Lemaître (hier: Pierre Brasseur), dem Mörder Pierre-François Lacenaire (Marcel Herrand) und dem Mimen Jean-Baptiste Debureau (Jean-Louis Barrault). Der historische Debureau riß bei seinen Pierrot-Auftritten im Théâtre des Funambules das Volk und die Künstler hin; der Literat Jules Janin rühmte und schulte ihn. Seinen Pierrot, den der ihm verblüffend gleichende Sohn Charles Debureau als Kostüm und Rollengestalt übernahm, kann man in einer Serie von Photographien bewundern, die Nadar und sein Bruder Adrien Tournachon 1854–1855 von Charles anfertigten und die auf der Weltausstellung 1855 gezeigt wurden. Sie sind überaus eindringlich: Der lauschende, laufende, diebische, überraschte Pierrot … Pierrot als Photograph …

Im Zentrum von Carnés Film – dessen zweiter Teil rundheraus *L'homme blanc* heißt – steht Debureau/Barrault, und diese Pierrot-Figur ist ganz dem Mond zugehörig (Angela Carters profunder Zirkus-Roman *Nights at the Circus* spielt einmal blitzschnell auf Debureau an, »dessen Erbteil der Mond war«.) Nicht zuletzt dank Janins hingebungsvoller Propaganda für die Funambules-Sphäre ist der Pierrot noch gegen Ende des neunzehnten Jahrhunderts Chiffre einer modernen, radikalen Kunst. Der Text von Schönbergs unerhörtem Zyklus musikalischer »Melodramen« *Pierrot lunaire* geht auf die gleichnamige Gedichtfolge (mit dem Untertitel *Rondels bergamasques*) des belgischen Autors Albert Giraud aus dem Jahre 1884 zurück. Schönberg verwendet Otto Erich Hartlebens Übersetzung von 1892. Und der ganz vergessene, einst wegen seines Theaterstücks *Rosenmontag* von 1900 berühmte Hartleben hat wohl nie etwas Besseres geschrieben als jene erstaunlich sichere, kühl-spröde Übertragung. Mit diesem Zyklus hat man eine wunderbare Enzyklopädie der melancholisch-subversiven Themen, die sich um den Pierrot und den Mond gruppieren – vor allem hat man den »inspirierten Opportunismus« (wie Charles Barr über Stan Laurel sagte), der unter der Ägide des Pierrots Mondmetaphern erzeugt – Omelette, Schädel, Frauenbrust, Säbel, Glatze. Pierrot kann bei diesen Konstruktionen eine ingeniöse Brutalität beweisen: »In den blanken Kopf Cassanders, / Dessen Schrein die Luft durchzetert, / Bohrt Pierrot mit Heuchlermienen / Zärtlich – einen Schädelbohrer!« Der »blanke Kopf« wird mit Tabak gefüllt, ein Rohr wird hineingeschoben, »Und behäbig schmaucht und pafft er / Seinen echten türckschen Taback / Aus dem blanken Kopf Cassanders!«

Das Weiß des Pierrots ist nicht das Weiß der Unschuld, es ist das Mondenweiß der verwunschenen und bedrohlichen Melancholie, das ungeheure Möglichkeiten gebärende Weiß des leeren Blatts Papier, vielleicht verwandt dem Albinoweiß des monströsen und rätselhaften Melvillschen Wals. Baptiste, der von Barrault verkörperte Funambules-Pierrot in Carnés Film, wird traurig, als die Rede auf den Mond kommt: »La lune …, bien sûr, la lune …«, und dann wird er zornig und wiederholt die Beschimpfungen, die er, der Träumer, sich schon seit seiner Kindheit anhören mußte: »Er ist nicht wie wir! Er gehört nicht zu uns!« – denn er ist »vom Mond gefallen«. Dieses märchenhafte Bild hat hier eine toxische Schärfe: Du kommst vom Mond, du bist nicht wie wir. Der Mond ist der Ort des ganz Anderen, der Pierrot wird ewig seiner Familie ein beunruhigendes Rätsel bleiben, ein *abstoßendes*, und wir werden ihn fürchten. Und den zentralen Satz des Films begreift er nicht: »Siehst du, Baptiste, so einfach ist die Liebe.«

Was die Farbe des Mondes betrifft,
so ist sie gewöhnlich groß.

JOHANN GEORG AUGUST GALLETTI (1750–1828),
Gymnasialprofessor zu Gotha

An welcher Stelle des Himmels wird sich der Mond an einem gegebenen Tage zu einer bestimmten Uhrzeit befinden? Das wissen die Astronomen, und der Almanach verzeichnet es. Wenn wir aber nicht nachgeschlagen und einige Tage lang gar nicht darauf geachtet haben, verblüfft uns der Anblick des Mondes an unerwarteter Stelle. Und hat man sich nie systematisch mit Astronomie befaßt, so scheint es unserer ungeschulten Naivität fast, als könne der Mond in jedem Winkel des Himmels aus den Wolken auftauchen. Doch die Experten wissen es besser, und sie können den oft unbekümmert mit den Himmelserscheinungen herumfuhrwerkenden Erzählern häufig Fehler nachweisen. R. L. Stevenson schreibt in seiner später hinzugefügten Einleitung zu *Treasure Island*, »My First Book«: »Wie mühsam der Mond ist! Ich bin mit dem Mond in *Prince Otto* bös in die Bredouille geraten, und sobald man mich darauf aufmerksam gemacht hatte, habe ich eine Vorsichtsmaßnahme ergriffen, die ich anderen auch empfehle – ich schreibe nie ohne einen Almanach.« Solche Fehler sind gerade in den abenteuerlichen Romanen des neunzehnten Jahrhunderts häufig; Stevenson erwähnt in dem zitierten Text, daß Sir Walter Scott in *The Antiquary* die Sonne im Osten untergehen läßt, und der große Erzähler der Waverley-Romane bietet auch einer der *alter ego*-Figuren Arno

Schmidts Anlaß zu einer kleinen besserwisserischen Klage. Der Erzähler in »Rollende Nacht« hat bei einer nächtlichen Eisenbahnfahrt einen promovierten Gymnasiallehrer kennengelernt, der unter anderem Englisch unterrichtet. Bei einem kleinen Aufenthalt in Altenbeken steigt man aus. »... wir besahen zusammen eine zeitlang den mageren Mond, der sich im weißgestrickten Gewölk eins fror. ›Könnten Sie mal bei Walter Scott, im Original, nachsehen [...] Da kommt im ›Herzen von Midlothian‹ das Phänomen vor, daß ›der volle Mond breit im Nordwesten‹ aufsteigt.‹ Er hatte mir lässig das verbrauchte Halbprofil hingehalten, und fragte jetzt vornehm erschöpft: ›Warum? Gibt's das nicht?‹ (Man ist also doch letzten Endes allein!) ›Nein‹, sagte ich bitter ...« (1957, in *Trommler beim Zaren*, 1966). Der prüfende und hingerissene Blick auf den Mond ist bei Schmidt ubiquitär; milder werden die Schwierigkeiten, das Gestirn genau zu lokalisieren, in *Aus dem Leben eines Fauns* (1953) angesprochen: »*Noch berechnen*: wann, wo, und in welcher Gestalt der Mond heut aufgehen wird. (Ja: klar ist es; – ziemlich. Und gesegnet seien K. Schochs Planetentafeln; damit kann's auch der dümmste Dühring.« (Dühring: der Name des Erzählers, zu dessen wenigen Vergnügungen in der bedrohlichen Enge einer Kleinstadt des Dritten Reiches diese Beobachtungen gehören.)

Arno Schmidts Erzählen ist durchaus mondlichtgesättigt. Man kann seine eigene Stimme mithören, wenn eine seiner Figuren sich beklagt: »Was ich schon so an Mondmetaphern ersonnen habe; es wäre nicht mehr als recht und billig, einen Mondkrater nach mir zu benennen!« Die höchste Reverenz an den Mond in Schmidts Œuvre stellt der Roman *KAFF auch Mare Crisium* dar – Höhepunkt im Trajekt des Schmidtschen Schreibens, ehe das hermetische Spätwerk einsetzt. Hier ist der Mond bewohnt von zwei spärlichen irdischen Kolonien, einer amerikanischen und einer russischen – dies ist der Rest der Menschheit nach dem großen Krieg der gegenseitigen Vernichtung. Und von diesem unerhörten, dramatischen und banalen Leben auf dem Mond erzählt der Erzähler, um seine Freundin zu unterhalten, bei dem gemeinsamen Urlaub in einem Heidedorf (Mond und Heide geben den Kontrast des Titels ab: Kaff / Mare crisium. »Mare«, das lateinische Wort für Meer, wird von der Astronomie verwendet zur Bezeichnung der weiten Ebenen der Mondoberfläche, und eine solche ist das »Meer der Gefahren«). Wunderschön, wie der fabulierende Erzähler im Roman alle möglichen Marginalien der Realität und alle möglichen Texte der Literatur kunstvoll-opportunistisch auf den Mond verzaubert – der Dichter der amerikanischen Kolonie, ultimativ aufgefordert, ein bedeutendes Werk vorzulegen, behilft sich mit einer Paraphrase des Nibelungenliedes, und unter der Mondkuppel dringt als Schlager eine Abwandlung eines sanft kitschigen Jahrhundertwendegedichts von Otto Julius Bierbaum aus dem Lautsprecher. Bierbaum schrieb in »Traum durch die Dämmerung«: »Weite Wiesen im Dämmergrau; / die Sonne verglomm, die Sterne ziehn, / nun geh' ich hin zu der schönsten Frau, / weit über Wiesen im Dämmergrau, / tief in den Busch von Jasmin.« Auf dem Mond dudelt es: »Waite Mare im Dämmer-Grooo. / Die Sonnö verglomm. Die Schtärrnö ziehn …« / (beziehunxweise *nicht*, sie schtanden ja fast – aber es war immer anerkennenswert, wie man sich mühte, die alten Dinger zu ›wenden‹; also mach' ruhich weiter): / »Nun jumpe ich hin zu der schö-hö-hönstönn Frooo …« Das »Jumpen« in weitunbeholfenen Sprüngen, im Raumanzug, über die »weiten Mare« ist eine der beiläufigen Chiffren des Romans für das mondhaft ganz Andere.

•

226. Kann ich die Annahme, ich sei einmal auf dem Mond gewesen, überhaupt einer ernsten Betrachtung würdigen?
LUDWIG WITTGENSTEIN, *Über Gewißheit*

Wenn der Mond – an einer vorausberechneten oder zufällig mit Erstaunen wahrgenommenen – Stelle aufgeht, wirkt er gelegentlich riesenhaft, ein optisches Phänomen, das den Betrachter gleichsam denken läßt, man könne dieses gigantische Ding ohne weite Wege erreichen. Die bereits am Beispiel Münchhausens vorgeführte Märchenphantasie, man könne auf den Mond hochklettern – an einer Ranke, einem Seil –, hat sich wohl einst von dieser leuchtenden Schein-Nähe genährt. Der Topos wird sehr schön bei Balzac verwendet, um die unbedingte und unbekümmerte Ergebenheit der französischen Soldaten zu bezeichnen, die für Napoleon alles tun würden, in rückhaltloser Suada: »Also gut! erwidert die Armee, wir fischen dir Königreiche mit unseren Bajonetten auf. Ha! Da hieß es nicht zurückweichen, wissen Sie! Und wenn er es in der Rübe gehabt hätte, den Mond zu erobern, ja, dann hätte man eben dazusehen müssen, seine Sachen packen und hochklettern – glücklicherweise hat er's nicht haben wollen.«

Von allen, die je zum Mond hinaufgeklettert sind, hat keiner das Erstaunliche und gleichzeitig verrückt Selbstverständliche dieses Vorgangs so wunderbar geschildert wie der Erzähler von »Eine Mondgeschichte«, einem Glanzstück phantastisch-lakonischer Prosa von Oskar Panizza, 1890 in der Sammlung *Dämmerungsstücke* veröffentlicht. Diese erstaunliche Groteske beginnt mit kunstvollem Ritardando so: »Zu meiner Zeit war es bei Studenten noch nicht Sitte, an einer oder höchstens zwei Universitäten zu studieren, die noch dazu beide im Inlande gelegen sein mußten; wir zogen über die ganze gebildete Welt; wir waren heute in Prag und morgen in Paris. Und so war es *Leyden*, wo mir die Geschichte, die ich in den folgenden Blättern erzählen will, passiert ist.« Rasch hat uns der Erzähler dann aufs freie Feld geführt. »Wir waren um November. Es war schon dämmerig geworden, und naß und schwer, wie eine feuchte Melone, stieg der Mond am Horizont empor. Es war Vollmond.« Der Erzähler sieht nun den leuchtenden Mond gleich einem schlaffen Ballon heruntersinken, von einem hageren gelbgekleideten Mann herabgeschleift. Der Hagere pflockt den Mond am Erdboden fest und schaufelt ihm ein Grab. Dann aber – und über der Dämmerungslandschaft steht an der Stelle des verschwundenen gelben Mondes ein sich deutlich abzeichnender dunklerer Fleck – heißt es: »Er verließ das Grab, machte einige Schritte in das Feld hinaus, griff in die Luft und erfaßte eine mir bis dahin unsichtbar gebliebene Strickleiter von rußigem Aussehen, an der er hinaufzusteigen begann. / In diesem Augenblick packte mich eine furchtbare Angst ... wegen eines Gedankens, der mich in dem Moment erfaßt hatte, als der rätselhafte Mensch den einen Fuß vom Erdboden erhoben und in die Strickleiter gesetzt hatte; der Gedanke: Steig ihm nach!«

Wie der Mond beschaffen ist, den man am Ende des langen, langen Strickleiteraufstiegs durch stets dünnere Luft erreicht, wie der gelbliche Mondmann und seine Familie dort existieren – das sollte man nachlesen. Aber es gibt als winziges Seitenstück zu dieser Mondphantasie Panizzas auch ein kleines Gedicht von ihm (*Düstere Lieder*, 1886); beide Texte erzeugen eine schwindelerregende Nähe des Mondes. Das Poem malt uns einen kalten Herbstabend im Dorf und dessen Himmel: »... an dem fernen / Horizonte kriecht der Vollmond // Wie ein fettes, trübes Öllicht.« Und dann:

> Plötzlich keucht ein alter, hagrer
> Mann, 'ne Sense auf dem Rücken,
> Atemlos ins Dorf, die Nächsten
> Frägt er mit erstickter Stimme:
>
> »Ist der Mensch mit seinem gelben
> Kürbiskopf – mein Sohn ist's – ist er
> Lang schon durch hier? – Mond, so hör ich,
> Nennt ihr ihn in dieser Gegend« ...

Und der Alte sagt, der Mond solle nun endlich nach Hause, »der soll zu seinen kleinen / Kinderlein – es kommt der Winter ...«, und läuft weiter mit seiner Sense, man versteht nicht mehr, was er noch spricht. Die Kinderlein des Mondes sind überraschend; wahrhaft erstaunlich aber scheint der Mondenvater mit seiner Sense. In diesem Gerät scheint sich die Sichelform anzudeuten, welche der Sohn periodisch annimmt. Aber das ist eine andere Geschichte.

Wenn der große Mond zum Greifen nahe scheint, mag sich die Vorstellung eines an sich recht kleinen, fast handlichen Gegenstandes aufdrängen. Die merkwürdige Nr. 175 von Grimms Märchen, der kaum bekannte Text »Der Mond« (erst in der siebten Auflage 1857 in die Sammlung eingerückt), schildert in quasi einfältigem Tonfall eine durchaus archaische Welt, in der uralte mythische Vorstellungen – die Herausgeber bringen den Text mit den finnischen Kalevala-Dichtungen in Verbindung – mit dem Figurenrepertoire der christlichen Legende und des Schwanks zusammenkommen. Die Erzählung beginnt in einer Welt, in der es »vorzeiten« nachts völlig dunkel ist. »Aus diesem Land gingen einmal vier Bursche auf die Wanderschaft und gelangten in ein anderes Reich, wo abends, wenn die Sonne hinter den Bergen verschwunden war, auf einem Eichbaum eine leuchtende Kugel stand, die weit und breit ein sanftes Licht ausgoß.« Die Wanderer fragen erstaunt einen Bauern, was dies denn sei, und der Bauer antwortet, das sei der Mond. »Unser Schultheiß hat ihn für drei Taler gekauft und an den Eichbaum befestigt.« Die vier Wanderer aus dem Land der Dunkelheit beschließen, den Mond (»Diese Lampe könnten wir brauchen«) zu stehlen, und schaffen ihn sorgfältig zugedeckt auf einem Wagen weg. Wie es der Bauer ihnen erklärt hat, versorgen sie zuhause den Mond regelmäßig mit Öl und putzen den Docht. Als aber schließlich einer stirbt, befiehlt er, daß ihm ein Viertel des Mondes mit ins Grab gegeben wird; man schneidet mit der Heckenschere den entsprechenden Anteil vom Mond ab und legt ihn in den Sarg. So geht es fort, und als der vierte gestorben ist, herrscht wieder die allgemeine Finsternis. In der Unterwelt jedoch geben die vier wieder zusammengekommenen Teile des Mondes ein so helles Licht, daß die Toten erwachen. »Sie erhoben sich, wurden lustig«, und begannen wieder zu trinken, zu tanzen und sich zu prügeln. »Der Lärm ward immer ärger und drang schließlich bis in den Himmel hinauf.« Schließlich zieht der heilige Petrus in die Unterwelt und bemächtigt sich des Mondes, »den er oben am Himmel aufhing«.

Diese Märchen-Möglichkeiten, den praktisch und leicht handhabbaren Mond dahin oder dorthin zu hängen, berühren sich mit der leichtfüßigen Metaphernlust der Gedichte, in welchen der Mond mit zahllosen Vergleichen vertraulich zu einem wandelbaren, wie mit der Hand zu erfassenden Objekt gemacht wird: »Mond, Ölschwamm, Laterne / Mond – oder ein Feldgewächs, [...] Arbuse oder grün beschnörkelter / Kürbis ...« (Johannes Bobrowski, »Liebesgedicht«)

Je suis le fou de Pampelune,
J'ai peur du rire de la Lune …

TRISTAN CORBIÈRE, »Heures«

Ich möchte reiten an's Ende der Welt,
Wo der Mond und die Sonne hinunterfällt.

EICHENDORFF, »Der irre Spielmann«

Zu den stets wiederkehrenden lyrischen Versatzstücken Eichendorffs, dem Waldesrauschen, den Marmorbildern, dem Posthorn, dem Brunnen und einigen anderen, die zusammen mit Adjektiven wie »fern«, »alt« oder dem erstaunlichen »wirr« einen eigentlich höchst begrenzten Fundus für seine unbegreiflich schöne Dichtung bilden, gehört der Mondschein. Eichendorffs wohl berühmtestes Gedicht heißt »Mondnacht« (»Es war, als hätt' der Himmel …«) Über diese Dichtungen schrieb Adorno: »Er erreicht die außerordentlichsten Wirkungen mit einem Bilderschatz, der bereits zu seiner Zeit abgegriffen gewesen sein muß … Das Gedicht [›Sehnsucht‹], unvergänglich wie nur eines aus Menschenhand, enthält kaum einen Zug, dem man nicht das Abgeleitete, Sekundäre vorrechnen könnte …« (»Zum Gedächtnis Eichendorffs«) Der Lesebuch-Kanon hat oft den Mond einer von der Epigonalität bedrohten Romantik zugeordnet und deren »mondbeglänzter Zaubernacht« (Tieck), er hat den Mondschein der Trivialität überantwortet, aus welcher trotzdem, durch das »Sekundäre« hindurch, immer wieder Poesie hervorbricht.

Das helle Mondlicht verzaubert, was es bescheint. Doch wie jeder Zauber ist auch der des Mondlichts gefährlich. Das Rühmen des Mondscheins erfolgt in der modernen Literatur an einer ungeheuren Stelle wie beiläufig: Wenn es in Kafkas *Proceß* dem Ende zugeht, wird der unglückliche Josef K. von seinen Henkern in den Steinbruch geführt, wo sich unter paradoxen Höflichkeiten die Hinrichtung vollziehen wird. »Jetzt ließen sie K. los, der stumm wartete, nahmen die Zylinderhüte ab und wischten sich, während sie sich im Steinbruch umsahen, mit den Taschentüchern den Schweiß von der Stirn. Überall lag der Mondschein mit seiner Natürlichkeit und Ruhe, die keinem anderen Licht gegeben ist.«

In Abenteuerromanen ist dieses helle, ruhige Licht des vollen Mondes oft eine große Bedrohung – etwa für den Piloten im Krieg oder den Agenten, der sich über eine Grenze schleichen muß. Beide Situationen werden in John Le Carrés Spionageroman *The Looking-Glass War* (1965) kurz berührt. Zu Anfang hat ein Geheimdienstmann eine Besprechung in einem Büro seiner Organisation und wird vom Hausmeister hereingelassen und kontrolliert. »›Ein wunderschöner Mond, Sir‹, sagte Pine. – ›Ja.‹ Avery trat ins Haus. Pine folgte ihm und schloß hinter ihm zu. – ›Gab 'ne Zeit, da hätten die Jungs so einen Mond verflucht.‹ – ›In der Tat‹, lachte Avery.« Diese winzige Erinnerung an den Luftkrieg weist voraus auf eine entscheidende Krisis, die später eintritt, als es darum geht, einen Agenten in die DDR einzuschleusen. Die kleine konspirative Truppe wartet auf ihren Moment. »Leiser machte sich Sorgen wegen des Mondes, und so standen sie nach dem Abendessen in einer frierenden kleinen Gruppe an der Hintertür und schauten in den Himmel. Es war merkwürdig hell; die Wolken zogen wie schwarzer Rauch, so niedrig, daß sie sich mit den schwankenden Zweigen des Wäldchens zu vermengen und die grauen Felder dahinter halb zu verbergen schienen. – ›Es wird an der Grenze dunkler sein, Fred‹, sagte Avery. ›Das Terrain liegt höher, es gibt Berge.‹«

Wenn man auf schützendes Dunkel hofft, ist der Mond gefährlich. In dem vielleicht unheimlichsten Song von Franz Josef Degenhardt, »So sind hier die Leute«, auf seiner vierten Platte, *Wenn der Senator erzählt*, aus dem Jahr 1968, scheint der Mond hell. Und gerade das ist fatal. In diesem Lied spricht der Wirt eines entlegenen Dorfes zu einem Gast, der nach einem Autounfall in sein Haus gekommen ist, und er warnt ihn, er solle besser im Wirtshaus bleiben. »Die sind voll Mißtrauen hier die Leut, / Und haben Hunde scharfgemacht, / Die spüren jeden Fremden auf, / Und dies ist eine helle Nacht. / Ihr sagt: Wir leben doch heute! / Ja, gewiß – aber so sind hier die Leute.« Die Leute, verbittert über die schlechten Zeiten, suchen »den, der schuldig ist / an all dem Unglück in der Welt.« Und der Fremde im Wirtshaus sieht genau jenem ähnlich, der an allem schuld ist und den einer der Dörfler einmal im Traum gesehen hat.

Hört, ihre Hunde haben die Spur,
Sie kommen, werft den Mantel um!
Warum ist euer Wagen auch
So rot! Das spricht sich schnell herum.
Sie haben ihre Forken mit,
Der Schulze führt den Haufen an,
Der Mond ist voll, das ist die Zeit
Wo keiner nachts hier schlafen kann.

Der Mond ist gleichzeitig das Naturphänomen, das den Gejagten preisgibt (»und dies ist eine helle Nacht«), und die dämonische Kraft, welche die Leute verrückt macht.

°

> Der große, runde, kupferrote Mond blickte voll durch die Fenster herein. »Diese Stille kommt vom Mond«, dachte Raskolnikoff, »er gibt sich jetzt ein Rätsel auf.« Er stand und wartete, und je stiller der Mond war, um so stärker klopfte sein Herz, es tat ihm sogar weh. Und immer noch diese Stille.
>
> DOSTOJEWSKIJ, *Schuld und Sühne*

Der Mond scheint uns vor allem dann anzusehen, wenn die Mondenscheibe rund oder doch fast vollkommen ist. »Der Mond stand tief, und seine gelbe Scheibe schien – wie es gelegentlich vorkommt – zu einer wundersamen Breite angewachsen, als sein Rand die schwarzen Umrisse der fernen Wälder berührte. Ich glaube halb und halb an Vorahnungen, und nun befiel mich eine in der kühlen Luft, in der plötzlichen Stille und unter dem wachsamen Blick des Mondes.« (Joseph Sheridan Le Fanu, *Wylder's Hand*, 1864, Kapitel XVI)

Die Unheimlichkeit des Mondes verbindet sich meist mit der vollen runden Scheibe (hier ist das gefährliche Licht am stärksten, hier liefert die fleckig-unbestimmte Krater- oder Bilderlandschaft die meisten beunruhigenden Assoziationspunkte), doch gibt es gewisse Ausnahmen, wo sich das Schreckenerregende des Mondes insbesondere mit dem Halbmond verbindet. Dieser ist keineswegs *per se* unheimlich, wie unter zahllosen Beispielen etwa Albrecht von Hallers anakreontisches Gedicht »Doris« zeigen mag:

Des Tages Licht hat sich verdunkelt
der Purpur, der im Westen funkelt,
erblasset in ein falbes Grau,
der Mond zeigt seine Silberhörner,
die kühle Nacht streut Schlummerkörner
und tränkt die trockne Welt mit Tau.

Trotzdem sind die spitzen Hörner des sichelhaften Mondes unter Umständen bedrohlich, als schnitten und hackten sie. Ein berühmtes Beispiel bietet E.T.A. Hoffmanns »Der Sandmann«, das erste der *Nachtstücke, herausgegeben von dem Verfasser der Fantasiestücke in Callots Manier*, ein Text, an dem Freud paradigmatisch versucht hat, zu erklären, was das »Unheimliche« ist. Und hier erzählt die Kinderfrau auf die bange Frage, wer denn der Sandmann sei, mit dessen Beschwörung die Kinder immer ins Bett geschickt werden: »Das ist ein böser Mann, der kommt zu den Kindern, wenn sie nicht zu Bett gehen wollen und wirft ihnen Händevoll Sand in die Augen, daß sie blutig zum Kopf herausspringen, die wirft er dann in den Sack und trägt sie in den Halbmond zur Atzung für seine Kinderchen; die sitzen dort im Nest und haben krumme Schnäbel, wie die Eulen, damit picken sie der unartigen Menschenkinderlein Augen auf.« Der Halbmond kehrt als sinistere Form wieder in den krummen Eulenschnäbeln und, rätselhafter, in der mandelgleichen Gestalt der Augen selbst. Das Spitze, Gekrümmte der Mondsichel wiederholt (oder konstituiert) die hackenden Schnäbel der bösen Vögel, welche die Augen des Kindes bedrohen und psychoanalytisch gesehen Werkzeuge der Kastration sind.

Und ganz von ferne und weil es auch dort um böse Vögel geht, mögen wir bei diesem unheimlichen Sandmann-Mond noch an jene allertiefsttraurige, in ihrer abgründigen Verlorenheit nicht zu überbietende Stelle der deutschen Literatur denken, wo alles, auch das Licht des Mondes, zu einem bösen Nichts wird:

> GROSSMUTTER Es war eimal ein arm Kind und hat kein Vater u. kei Mutter war Alles tot und war Niemand mehr auf der Welt. Alles tot, und es ist hingangen und hat gerrt *[geweint]* Tag u. Nacht. U. wie auf der Erd Niemand mehr war, wollt's in Himmel gehen, und der Mond guckt es so freundlich an und wie's endlich zum Mond kam, war's ein Stück faul Holz und da ist es zur Sonn gangen und wie's zur Sonn kam war's ein verwelkt Sonneblum und wie's zu den Sterne kam, wars klei golde Mücke die warn angesteckt wie d. Neuntöter sie auf die Schlehe steckt u. wies wieder auf die Erd wollt, war die Erd ein umgestürzter Hafen u. war ganz allein u. da hat sich's hingesetzt u. gerrt u. da sitzt es noch u. ist ganz allein.

Das ist das Märchen aus dem *Woyzeck*, nach der »Ersten Entwurfsstufe (H1)«. Seltsamerweise kehrt hier das Motiv von den gefräßigen Vögeln mit den spitzen Schnäbeln implizit wieder in der Vorstellung von dem kosmischen Neuntöter, der die Sterne »ansteckt« wie die gefangenen Insekten. Und der Mond ist »ein Stück faul Holz«, nichts bleibt von ihm übrig außer dem lügenhaft phosphoreszierenden Schein; der Mond als Irrlicht.

Stummen Herzens
begab sich der Mond
ins Asyl für Obdachlose. [...]

Nach Mitternacht
(die Bürgermeister
schnarchten wie die meisten Bürger) sah man ihn
lange vertieft
in den Jahresbericht
einer freischaffenden Laterne.

GÜNTER BRUNO FUCHS, »Kolportage«

Der Mond steht in der bildenden Kunst oder auch in der Lyrik besonders wirksam am Himmel, wenn er eine überraschend-plausible Konfiguration mit dem Schornstein bildet, der Rah des Segelschiffs, dem Kirschblütenzweig, dem Galgen oder der Fernsehantenne. Typisch sind die sparsamen Dekorationen der symbolistischen Dichtung: »A ship, an isle, a sickle moon...« (James Elroy Flecker) Mit größter Systematik haben die japanischen Farbholzschnitte solche Kombinationsmöglichkeiten durchgespielt; oft verbinden sie mit der Mondscheibe zwei distinkte Überlagerungseffekte (etwa die Linie eines Vordachs und die eines Vogelzugs in Hiroshiges *Berühmte Ansichten von Edo*, Nr. 109). In der klassischen Kultur Japans gesellt sich zu einem Faible für die originellsten Überschneidungspositionen die Vorliebe für eine indirekte Mondlichtästhetik. »Wenn man in einer mondhellen Nacht durch eine Flußfurt fährt, spritzt das Wasser so prächtig auf, als würde der Schritt des Ochsen eine Kristallfläche zerbrechen.« (Sei Shonagon, Abschnitt 215 des *Kopfkissenbuchs*) Es ist charakteristisch für diese subtile Ästhetik, daß sie fast mehr noch als am Anblick des Mondes selbst interessiert ist an seinen Lichtwirkungen im Wasser oder an den Schatten, welche der Mond wirft. In dem Zyklus *Hundert Ansichten vom Mond*, an dem er fast bis zu seinem Tode arbeitete, versammelt der späte Meister Tsukioka Yoshitoshi (1839–1892) in der Nachfolge der Klassiker wie Hiroshige oder Hokusai mit bravouröser Inszenierung alle erdenklichen Auftritte des Mondes. Dessen spektakulärste Erscheinung ist die Unsichtbarkeit: Auf einem Blatt bleibt der Mond außerhalb des entworfenen Bildausschnitts, kann vom geschulten Betrachter aber am zarten Schatten, den er auf die Matte des Interieurs wirft, erschlossen werden.

Eine solche Schattenbildung tritt in unserer auch des Nachts lichtgesättigten Erfahrungswelt für die Wahrnehmung zurück. Was aber der Mensch in den alten Nächten ohne jede künstliche Beleuchtung wahrzunehmen vermochte, drückt eine der erstaunlichsten Notizen der europäischen Tagebuchliteratur aus, bei der man sich die Augen reibt. Der Verfasser des in England immer noch – vor allem unter Ornithologen – berühmten naturkundlichen Buches *The Natural History and Antiquities of Selborne* (1788–89), der Landpfarrer Gilbert White, notiert am 8. Februar 1782: »Venus shadows very strongly, showing the bars of the window on the floors and walls.« Am 9. Februar übrigens nochmals: »Venus shed again her silvery light on the walls of my chamber and shadows very strongly.« Dieses Planetenlicht, so intensiv, daß man die von der Venus geworfenen Schatten erkennen kann, ist nur in der ländlichen Einöde und nur bei Neumond wirksam. Hieran gemessen ist der für uns alle immer wieder sichtbare Mondschatten kein großes

Geheimnis, und doch hat er seine Magie, weil er unsere Wahrnehmungsfähigkeit stärker herausfordert. Er begleitet uns auf das Unauffälligste: »Es zieht ein Mondenschatten / als mein Gefährte mit« (im ersten Lied der *Winterreise*, »Gute Nacht«).

Wenn Mond und Sterne wirklich durch keinen konkurrierenden künstlichen Schein beeinträchtigt werden, kann ihr Licht manchmal eine erstaunliche Intensität erreichen. Wir nehmen jedoch meist eine Vielfalt künstlicher und natürlicher Lichtquellen gleichzeitig wahr; es gehört zu den Übungen eines guten Beschreibers, uns diesen Plural immer wieder einmal kurz vorzuführen. »Eine kleine Birne brannte in einer Lampe, und die leuchtende Skala des Radios glühte. Ein wenig Mondlicht fiel ins Zimmer.« (Raymond Chandler, »Smart-Aleck Kill«) An solchen Gleichzeitigkeiten mag klar werden, wie groß die Ähnlichkeit von Lampe und Mond sein kann. Das Morgensternsche Gedicht »Die Fledermaus« (in *Palma Kunkel*, dem dritten Teil der *Gesammelten Galgenlieder*) beschreibt – das ist der Untertitel – ein »Kurhauskonzertbierterrassenereignis«, welches sich ergibt, als eine Fledermaus »sich« von Strauß hört. Ihr Flug über die Konzertterrasse wird mit den Zeilen hingeworfen:

Der Bogen-Mond
Wirkt ungewohnt.

Es rührt ihr Flugel
Die Milchglaskugel.

Der Bogen-Mond ist eine große Lampe, die sich an gekrümmter Halterung über das Publikum wölbt; die Fledermaus umfliegt ihn (neugierig und ratlos, möchte man interpretierend vermuten), die Damenwelt schreit. Der Fledermausflug endet im Bierglas eines

Gastes (was einen der herrlichsten Reime auf einen Markennamen hervorbringt, den das Deutsche kennt):

Sie stürzt, wirr – worr – –
'nem Gast ins Pschorr.

Der Pikkolo
entfernt sie: –: so –: …

Die »Fledermaus«
ist grade aus.

•

Diana's foresters, gentlemen of the shade, minions of the moon.
SHAKESPEARE, *Henry IV*, I. Teil, I, 2

»Judith erwiderte schnell: ›Damit Ihr meinen weißen Hals einmal vergeßt, will ich Euch auch ein Lied von etwas Weißem berichten!‹ und sie sang nicht, sondern sagte einfach wohlklingend:

›Es ist eine üble Zeit!
Luna, die weiland keusche Maid,
Liebäugelt auf den Köpfen alter Sünder
Am hellen Tag und höhnt uns arme Kinder!
Schäm dich, Mondschein!

Ich tat das Fenster auf
In dunkler Nacht und suchte Lunas Lauf;
Da glänzt sie frech an meines Hauses Schwelle,
Wild goß ich Wasser auf die weiße Stelle.
Schäm dich, Mondschein!‹«

GOTTFRIED KELLER, *Der grüne Heinrich,* II, 8

Schäm dich, Mondschein ... Wofür? Für den Generalverdacht, daß der Mond – die Luna, die so frech erglänzt – mit der Erotik im Bunde ist. Der Verliebte schwört seine Liebes-Eide beim Mond wie Romeo: »Lady, by yonder blessed moon I swear, / That tips with silver all those fruit-tree tops ...« (eine wunderbare, aus T und I gewobene Mondlichtsilberzeile). Und es fällt der Luna ja so leicht, verliebt zu machen, alle Liedchen und Schlager singen davon, im Englischen ist die Reimkette »June, moon, tune, soon, swoon, spoon ...« (wobei *to spoon* »schmusen« bedeutet) das Emblem der wie von selbst entstehenden sentimentalen Schlagerproduktion. Eine Broadwaykomödie aus dem Jahre 1929, Ring Lardners und George S. Kaufmans *June Moon*, führt es vor und läßt den naiven Neuankömmling in New York, der als Songtexter berühmt werden will, schwadronieren:

FRED »June Moon.« That's the title – »June Moon.« [...] The verse will be about a fella that's met a girl in June, when there was a moon shining, and then something happened so that she went away, or maybe he went away, and then whenever he looks up at the moon after that, he thinks of her. In the second verse, she'll be doing the same thing for him.
LUCILLE That's fair enough.
PAUL I don't know – another moon song.

Es ist ein Topos der Liebeslyrik seit der Antike, daß die Geliebte den anderen Frauen ebenso an Glanz überlegen ist wie der einzige Mond den vielen Sternen. Ein sehr schönes Gedicht der englischen Renaissance greift den Vergleich auf. Der Diplomat Sir Henry Wotton (1568–1639) hat es verfaßt und der Tochter James' I. gewidmet, die durch ihre Eheschließung mit Friedrich V. von der Pfalz, dem unglücklichen, in der Schlacht am Weißen Berg unterliegenden »Winterkönig«, kurze Zeit Königin von Böhmen wurde: »On His Mistress, the Queen of Bohemia«. Die erste Strophe lautet:

You meaner beauties of the night
That poorly satisfy our eyes
More by your number than your light,
You common people of the skies,
What are you when the moon shall rise?

Die Pracht der Sterne, der »gewöhnlicheren Schönheiten der Nacht«, vergeht beim Aufgang des Mondes. In der Anthologie *Other Men's Flowers* erzählt Archibald Percival Wavell zu diesem Gedicht Wottons eine Anekdote. Er ging nach einem opulenten Abendessen mit einem Freund im nächtlichen London einher; ein Straßenmädchen sprach die beiden Herren an. Der Freund blieb stehen, deutete zum Mond empor und wandte sich mit den fünf Zeilen Wottons an die Frau. »With one horrified glance she fled.«

Als Nationalhymne der Deutschen hat Ernst Bloch einst das Lied einer anderen Hure, der Seeräuber-Jenny in der *Dreigroschenoper*, vorgeschlagen; das hat sich leider nicht durchgesetzt. Vorangestellt hat er dem berühmten Aufsatz aus dem Jahre 1929, in dem der Vorschlag erfolgt, das Motto: »Noch leuchtet nicht des Mondes Silberfackel *(Figaros Hochzeit)*«. Es ist dies die deutsche Übersetzung einer Zeile aus dem Libretto von Mozarts *Le nozze di Figaro* (»finché non splende in ciel notturna face«). Der Kontext läßt erkennen, daß das – eigentlich harmlose – Zitat, mit dem die unruhig den Geliebten erwartende Susanna nur ausdrückt, daß es noch nicht dunkel geworden ist, sich Bloch wegen des verborgenen Subtextes von Brandstiftung, Aufruhr und Rache empfohlen hat, den die Assoziationsmöglichkeiten des Wortes und Bildes »Fackel« eröffnen. So wird »des Mondes Silberfackel« zum Zeichen einer Luna, die drohend am Himmel steht und den ahnungslosen Freiern (»Meine Herrn, heute sehn Sie mich Gläser abwaschen und ich mache das Bett für jeden …«) eine ungeheuerliche Vergeltung voraussagt. An der Liebe ist sie gewiß desinteressiert.

Ja, ist der Mond – die Luna – nicht manchmal plötzlich der Liebe feindlich gesonnen? Eine verblüffende antierotische Mondmetapher findet sich im *Sommernachtstraum*, wo Amor seinen Pfeil entsendet, um hunderttausend Herzen zu durchbohren: »But I might see young Cupid's fiery shaft / quenched by the chaste beams of the watery moon«. Der »wäßrige« Mond löscht mit seinen keuschen Strahlen den flammenden Pfeil Kupidos. Die widersprüchliche, ambiguöse Wirkung des Mondes insbesondere in diesen Shakespeare-Zeilen wird von den Interpreten gerne in Verbindung gebracht mit dem Kultus der *virgin queen* Elizabeth I., der seltsame Inszenierungen der koketten Keuschheit hervorgebracht hat. Amor als Feind des Mondes – das findet sich auch im Gedicht eines Zeitgenossen Shakespeares, Sir Philip Sidney, der den traurigen Mond am Himmel sieht:

With how sad steps, o Moon, thou climb'st the skies!
How silently, and with how wan a face!
What! May it be, that even in heavenly place
That busy archer his sharp arrows tries? …

Sieht man den Mond so traurig und langsam am Himmel emporsteigen, möchte man meinen, daß selbst am Firmament jener verhängnisvolle Schütze seine Geschosse entsendet, der »geschäftige Bogenschütze«, wiederum eben Amor, der den Mond (und uns) mit seinen scharfen Pfeilen in die Traurigkeit stürzt. Unter dem Beschuß der Liebespfeile mag der Mond seine sozusagen magische Rettung darin sehen, daß er sich selbst in einen »frisch gekrümmten« Bogen verwandelt: »And then the moon, like to a silver bow / New-bent in heaven, shall behold the night / of our solemnities.« (*Sommernachtstraum*)

Trauer und Drohung aber treten zurück hinter der universellsten Gefahr, welche die Liebe – und damit der Mond, der die Liebe induziert – mit sich bringt: daß wir uns zum Narren machen. Hören wir noch einmal dem herrlich verrückten Juristen in Raabes »Deutscher Mondschein« zu: »Er ist es, der Mond, und vor allem dieser deutsche Mond! Da kommt er abermals über das Dach, und Sie legen den Kopf auf die Schulter und blinzeln ihm blöde und verlegen in die breite Fratze. Und plötzlich schwankt hohes Weizenährenfeld vor Ihren Blicken, die Nachtigall oder sonst ein Vogel piept im Gebüsch, es blitzt der Teich, der Bach murmelt, und Sie, Kollega, fangen gleichfalls an zu murmeln. Was murmeln Sie? Natürlich irgendeinen wohlklingenden Taufnamen, auf E oder A auslaufend, – Klothilde, Josephine, Maria, Amalia – was weiß ich?! Einerlei! Es ist entschieden – er hat Sie: er hat Sie mit allem, was an Ihnen ist, dieser heimtückische, hinterlistige Schleicher, der Mond, der deutsche Mooond! Sie fühlen sich in der Stimmung, ihn Ihren Freund zu nennen, die Arme nach ihm auszustrecken, eine Träne ihm hinzuwerfen, und Sie sind ohne allen weiteren Zweifel grenzenlos blamiert.«

Blamiert durch das erotische Effluvium des Mondes, das unwiderstehlich sein kann und den Menschen töricht verliebt macht.

Doch wer sich mit dem Mond in bewußter Einsamkeit zusammentut, gerät vielleicht in eine große, mondenkühle Ernsthaftigkeit.

Ma demeure est haute,
Donnant sur les cieux;
La lune en est l'hôte,
Pâle et sérieux …

schreibt die große Dichterin Marceline Desbordes-Valmore in »Ma chambre«. Der Mond der Einsamen ist der stillste. »Schöner, stiller Gefährt der Nacht«, wie es in Klopstocks wunderbarem Poem »Die frühen Gräber« heißt. (Dieses Gedicht zeigt auch sehr gut die scheinbare Bewegung des Mondes am Himmel im ziehenden Gewölk.) Hier wird der Mond als »Gedankenfreund« angesprochen; daß dieselbe Bezeichnung in einem Gedicht von J. W. L. Gleim vorkommt (»Dein stilles Silberlicht / Erquickt mir mein Gesicht. / O Mond, Gedankenfreund, ich sehe dich von weitem …«), scheint auf eine poetische Konvention des achtzehnten Jahrhunderts hinzudeuten, die vielleicht mit alten Melancholietheorien zusammenhängt. Daß der Mond ein Freund der Gedanken – unserer Gedanken – ist, möchten wir gerne glauben. Wir glauben ja auch sehnsüchtig, daß er »uns leuchtet«. Von allen Illusionen würde man auf diese besonders ungern verzichten.

Wenn bei Capri die rote Sonne im Meer versinkt,
und vom Himmel die bleiche Sichel des Mondes blinkt …

RALPH MARIA SIEGEL

Morgen um sieben wird sich ein eigenartiges Schauspiel vollziehen: Die Erde setzt sich auf den Mond. Darüber schreibt auch der berühmte englische Chemiker Wellington. Ich muß gestehen, ich empfand bedeutende Unruhe, als ich mir die ungewöhnliche Zartheit und Zerbrechlichkeit des Mondes vorstellte. Der Mond wird ja gewöhnlich in Hamburg gemacht, und zwar ganz miserabel.

GOGOL, »Aufzeichnungen eines Wahnsinnigen«

Daß der Mond »in Hamburg gemacht« wird, ist – mag sich bei Gogol auch das Prisma des Wahns zwischen den Himmelskörper und die Wahrnehmung schieben – ein schönes und verblüffendes Beispiel dafür, daß der Trabant für uns bei aller Universalität immer etwas Lokales haben will. Nichts kann heimischer wirken als der Mond im Geäst eines Baumes oder über einem Hügel. In seinem Roman *The Napoleon of Notting Hill*, einer surreal leidenschaftlichen Feier des Lokalen und Besonderen, statuiert Chesterton in einem Widmungsgedicht an Hilaire Belloc dieses (jeweils) Einzigartige des Nachthimmels, den man als Kind sieht, den Belloc in Sussex sah und der Verfasser selbst in einem Vorort Londons:

For every tiny town or place
God made the stars especially;
Babies look up with owlish face
And see them tangled in a tree;
You saw the moon from Sussex Downs,
A Sussex moon, untraveled still,
I saw a moon that was the town's,
The largest lamp on Camden Hill.

Hier wird der Mond zur Lampe: er gehört so intim zu einer kleinen Landschaft, daß er sozusagen Teil eines Interieurs wird. Brecht war, nimmt man nur die Songs aus seinen Kollaborationen mit Weill, fasziniert von dieser Lokalfarbe des Mondes – alter Bilbao-Mond (Bills Ballhaus dortselbst: »Und der grüne Mond schien durch das Dach …«), »O Moon of Alabama«, und natürlich der Mond über Soho. Zuerst singen die Liebenden: »Siehst du den Mond über Soho? – Ich seh ihn, Lieber …« Und dann tobt Peachum, ergrimmt über die erotische Undiszipliniertheit seiner Tochter: »Anstatt daß / anstatt daß / sie zu Hause bleiben und im warmen Bett, / wollen sie Spaß, / wollen sie Spaß, / grad als ob man ihnen eine Extrawurst gebraten hätt. / Das ist der Mond über Soho! / Das ist der verdammte Fühlst-du-mein-Herz-schlagen-Text …« Und eben dieser »Text« reimt sich darauf, daß »die Liebe anhebt und der Mond noch wächst«.

Der grüne Mond? Der Mond kann alle Farben anehmen, bis hin zum Schwarz des Neumonds. Gerne erkennen wir in seiner Färbung mit Wohlgefallen unsere Sehnsucht oder mit Erschauern unsere Befürchtungen: »Wie der Mond rot aufgeht. Wie ein blutig Eisen.« *(Woyzeck)* Friedrich Kittler – fast möchte man schreiben: kein anderer als Friedrich Kittler – hat sich ein kleines Notizarchiv zu den vielfältigen Farben des Mondes angelegt; in der Marbacher Ausstellung zu den Zettelkästen als Kognitionsform (2013) waren die Karteikarten zu sehen. (Unter »Mondfarbe: blutrot« und »Mond: scharlachfarben« findet sich jeweils der Hinweis auf das hier in der Vorbemerkung erwähnte Gedicht von Borges, »A un viejo poeta«.) Der Mars und die Venus – in der alten Auffassung ist der Mond ein Planet ebenso wie diese beiden – sind für die astronomische Beobachtung rot und grün, und für die Science-Fiction-Kolportage sind es unweigerlich auch die jeweiligen Bewohner. Der Mond ist meist aus Silber, aus fleckigem Weiß (so sehen auch die gelegentlichen Seleniten der SF aus); manchmal aber muß er natürlich golden erscheinen, ist er doch für die hartnäckige, auf einem Nonsense-Kinderreim aufbauende englische Phantasie ein großer rund-appetitlicher Käse. Wie man sich erinnern wird, bauen Wallace und Gromit eine Rakete und fahren damit zum Mond, weil ihnen diese Leibspeise ausgegangen ist, sie jedoch wissen, daß unser Satellit aus Käse besteht.

Der Mond – wir neigen dazu, es zu vergessen – leuchtet nicht aus sich, er hat sein Licht von der Sonne geborgt. Nach diesem geliehenen Licht ist ein berühmtes Buch benannt: Im Titel des hochkomplexen und höchst unterhaltenden Romans *Pale Fire* von Nabokov (1962) verbirgt sich der Mond. Das Buch besteht aus einem Gedicht von 999 Zeilen – die tausendste wäre eine Wiederholung der ersten – und dem Stellenkommentar eines verrückten Interpreten. (Doch wie verrückt ist er, beziehungsweise: Auf welcher Ebene des in den Abschweifungen des Kommentars Erzählten setzt seine Verrücktheit ein?) Von den Anmerkungen Kinbotes, des exilierten Königs von Zembla (um diese problematische Grundvoraussetzung hier zu respektieren), sind im Hinblick auf das »Fahle Feuer« des Titels zwei Stellen relevant: die Kommentare zu den Zeilen 39/40 und 962.

Zuerst zitiert Mr. Kinbote eines weit hergeholten Vergleichs wegen eine Stelle aus Shakespeares *Timon von Athen* (IV, 3): »The sun is a thief: she lures the sea / and robs it. The moon is a thief: / he steals his silvery light from the sun. / The sea is a thief: it dissolves the moon.« Da er jedoch nur eine Übertragung in seine Heimatsprache zur Hand hat, stellen diese vier englischen Zeilen eine Rückübertragung dar – aus dem Text von Conmal, jenem unvergeßlichen aristokratischen Übersetzer Shakespeares ins Zemblanische, welcher von dem Dichter gerne als »dze bard« sprach und in einem Poem wider einen Kritiker »Shakespeare would not want thus« auf »akanthus« reimte.

In der Zeile 962 des Gedichts sucht dessen Autor nach einem Titel für sein Poem und schreibt: »Help me, Will. Pale Fire.« Und der Kommentator Kinbote setzt nun hinzu: »Dies bedeutet, wenn man es paraphrasiert, offensichtlich: Ich will einmal bei Shakespeare nachsehen, ob sich etwas findet, was ich als Titel verwenden kann. Und der Fund ist ›pale fire‹. Doch in welchem Werk des Barden stieß unser Poet darauf? Meine Leser müssen selber Nachforschungen anstellen. Ich habe lediglich eine winzige Westentaschenedition des *Timon von Athen* bei mir – auf zemblanisch!« (Es ist diejenige Ausgabe, die uns Lesern vor hundertfünfzig Seiten begegnet war.) »Sie enthält gewiß nichts, was sich als Äquivalent von ›pale fire‹ ansehen ließe. (Wäre dem so gewesen, wäre mein Glück eine statistische Monstrosität.)« Und doch verhält es sich natürlich genau so.

Die authentischen englischen Zeilen aus dem *Timon* lauten:

The sun's a thief, and with his great attraction
Robs the vast sea; the moon's an arrant thief,
And her pale fire she snatches from the sun;
The sea's a thief, whose liquid surge resolves
The moon into salt tears ...

Sie sind Teil der letzten Szene des vierten Aktes, in welcher der Menschenfeind Timon in zunehmend wilder Haßrhetorik alle anderen von sich stößt. Als schließlich Banditen auftreten, die an sein Gold wollen (»We are not thieves, but men that much do want«), hält er ihnen verächtlich den kleinen Vortrag, aus welchem die zitierten Zeilen stammen: Das ganze Weltall baut auf Dieberei auf. In Nabokovs Roman bezeichnet der Titel (unter anderem) den ironischen und mysteriösen Zusammenhang von knappem Text und nicht enden wollendem Kommentar. Der Ursprung des Zitatkontexts jedoch ist durch mangelnde Sprachtreue verwischt: Shakespeares *pale fire* ist auf dem Umweg über Conmals triviale zemblanische Version zu einem einfallslos schlichten *silvery light* geworden.

Der Mond »entreißt heimlich«, *snatches*, sein *pale fire* der Sonne; das Verbum läßt an einen Taschendieb in der Wolkenmenge denken. Doch er ist nicht allein in diesem Vergehen, er ist von anderen Diebsgesellen umgeben. Sonne und Mond sind nicht so sehr Gegensätze als Kumpane des universellen Diebstahls, auf seltsame Weise werden sie eins. Man könnte hier einen Augenblick lang an die vielen Formulierungen denken, die den Antagonismus von Sonne und Mond überwinden. »Östlich von der Sonne und westlich vom Mond« … »The silver apples of the moon, the golden apples of the sun« … Die vielleicht schönste findet sich in Brechts *Terzinen über die Liebe* (1928), zwei Jahre später leicht verändert als Liebesduett vom Kranich und der Wolke wiederum in *Mahagonny* übernommen: »So, unter Sonn und Monds wenig verschiedenen Scheiben / Fliegen sie hin, einander ganz verfallen.«

Eine der erstaunlichsten (erotischen) Parallelisierungen der beiden großen Himmelslichter kommt unerwarteterweise im Buch Hiob vor, im Kapitel XXXI mit dem langen Katalog der erdenklichen Verfehlungen gegen Gott: »Habe ich die Sonne angeschaut, wie sie strahlt, und den Mond, wie er in Pracht dahinwandelt? Hat sich mein Herz insgeheim betören lassen, daß ich ihnen eine Kußhand zuwarf?« (Vers 26–27) Ja, haben wir je diesen Mut gehabt?

o

> … er erhellt durch sein mildes Licht, welches der Widerschein von seinem Sonnenschein ist, unsere Nächte, und sieht zu, wie die Knaben die Mägdlein küssen. Er ist der eigentliche Hausfreund und erste Kalendermacher unserer Erde … Zudem ist es gar wohl möglich, daß auch jener Weltkörper allerlei vernünftige und unvernünftige Geschöpfe von kuriosen Gestalten und Eigenschaften beherbergt, die uns alles besser sagen könnten, und die sich in ihrer Nacht auch über den milden Erdschein freuen. Vielleicht glauben die einfältigen Leute dort auch lange her, die Erde gehe um den Mond herum, und sei bloß wegen ihnen da, und wir könnten's ihnen auch besser sagen.
>
> JOHANN PETER HEBELS *Schatzkästlein des rheinischen Hausfreundes* (1807, »Der Mond«, von K.W. Böckmann verfaßt)

»Am Anblick des Mondes läßt uns Hebel das Wesen des Hausfreundes ablesen.« Diese glückliche Formulierung Heideggers (*Hebel – der Hausfreund*, 1957) führt ingeniös auf den Gedanken, daß sich der Mond zu Hebel verhält wie dieser Kalendermacher zu seinen Lesern: als der Hausfreund. Beide, der Mond und der Dichter mit der »willkommen wohltätigen« Unternehmung seiner Publizistik, sind für Heidegger gleichermaßen durch die »Zuwendung zum Wohnen der Sterblichen« charakterisiert.

Man muß allerdings, hat man einmal Heidegger neben Hebel zitiert, noch aus des letzteren beeindruckendem Text »Die Juden. Sendschreiben an den Sekretär der theologischen Gesellschaft zu Lörrach, (die wenig bekannt ist)« ein paar Sätze folgen lassen, in welchen sich eine der schönsten Evokationen des Mondes überhaupt findet. »Was aber den Jesaias betrifft, so behaupte ich nur so viel, daß wer ihn vom 40sten Kapitel an lesen kann, und nie die Anwandlung des Wunsches fühlt, ein Jude zu seyn, sey es auch mit der Einquartirung allen europäischen Ungeziefers, ein Betteljude, der versteht ihn nicht, und so lange der Mond noch an einen Israeliten scheint, der diese Kapitel liest, so lange stirbt auch der Glaube an den Messias nicht aus.« Hier dient das Mondlicht dazu, das Zeitlose, ja, das Ewige in einem ganz und gar humanen Duktus zu beschwören.

Die Erwähnung der »einfältigen Leute« auf dem Mond im *Hausfreund* berührt einen alten Topos. Die Betrachtung des Mondes dient seit der Antike, insbesondere aber seit der Aufklärung, einer relativierenden Optik. Wo ist oben, wo ist unten? Der *locus classicus* dieser Reflexion in der Neuzeit findet sich bei Cyrano de Bergerac. Edmond Rostand mit seinem Theaterstück von 1897 ist schuld daran, daß wir bei diesem Namen an den Helden einer romantischen Tragikomödie denken; an eine lange Nase; an einen Liebenden, der voller heroischer Selbstüberwindung seinem Freund hilft, die Frau zu gewinnen, die er selbst begehrt – sie zu gewinnen mit Hilfe der eigenen Sehnsucht in den eigenen Versen. Dieses alte Erfolgsstück kennen wir spätestens seit dem Film mit Gérard Depardieu wieder. Es verstellt unserer Gegenwart den Blick darauf, wer Cyrano de Bergerac wirklich war. Der historische Cyrano (1619–1655) war in der Tat ein Kriegsmann und Dichter, doch seine Nase hatte die normale Länge, und Liebe und Entsagung werden in seinem Leben keine größere Rolle gespielt haben als üblich. Dagegen war er ein wichtigerer Schriftsteller, als man es bei Rostand erführe. Dieser Generationsgenosse Molières und Pascals hat bedeutende Theaterstücke verfaßt – vor allem jedoch den Doppelroman von seinen Reisen zum Mond und zur Sonne mit der Beschreibung von deren jeweiligen »Staaten und Reichen«. Diese beiden *voyages imaginaires* hat er in den letzten Jahren seines Lebens niedergeschrieben, von 1648 an (dem Schlußjahr des Dreißigjährigen Krieges, wie man angesichts der im Text angeprangerten Kriegslust intelligenter Geschöpfe in Erinnerung rufen kann); sie erschienen postum 1657 und 1662, zunächst in sorgfältig verstümmelter Version, um der Zensur auszuweichen.

Der wichtigste dieser beiden Romane ist der erste, wie eben der Mond für die Phantasie der Weltenfahrer und Träumer als Ort immer wichtiger war als die Sonne. Seit einstmals Lukians Ikaromenippus – unzufrieden mit den widersprüchlichen Aussagen der Gelehrten über die Himmelserscheinungen – zwei großen Raubvögeln die Flügel abschnitt, sie sich umband und damit zum Mond flog, um selbst nachzusehen, wie es sich dort droben verhält, machen sich die verschiedensten entschlossenen Reisenden dorthin auf. Beim ersten Versuch des Romanhelden bei Cyrano, der sich mit einer Unzahl von taugefüllten Fläschchen behängt und sich dann von den Sonnenstrahlen, die den Tau anziehen, emporheben läßt, stürzt jener nach einiger Zeit wieder ab, und da die Erde sich unter ihm weggedreht hat, landet er in Kanada (auf französischem Territorium, in Québec). Dort erfolgt der zweite Start vermittels Feuerwerksraketen, und der bringt ihn tatsächlich auf den Mond, wo er eine ganz eigene Welt vorfindet.

Der Gedanke, daß auf anderen Himmelskörpern lebendige Wesen wohnen könnten, ist früh zur Basis satirischer Spekulationen geworden: Diese himmlischen Gesellschaften können einerseits unsere Schwächen und Torheiten verfremdet abbilden und so dem Menschengeschlecht einen Spiegel vorhalten, andererseits können sie vernünftigere Lösungen verkörpern und uns so beschämen – wie es beides wenig später bei Swift die Bewohner ferner Inseln tun sollten. Auch die Sterne sind so Weltalls-Inseln der Utopie. Für Cyranos Zeit ist eine solche im Weltraum angesiedelte Spekulation von vornherein philosophisch radikal – weil der Gedanke der Bewohnbarkeit anderer Himmelskörper, auch wenn er ironisch vorgetragen wird, noch durchaus etwas Aufrührerisches hat. Unter den Vorwürfen, die Giordano Bruno auf den Scheiterhaufen brachten, war derjenige, er habe eine Unzähligkeit von belebten Welten im All gelehrt, und ganz ist diese Epoche zu Cyranos Zeiten noch nicht zu Ende.

Der Autor ist hier übrigens unmittelbar beeinflußt von den Vorlesungen des großen Philosophen Pierre Gassendi an der Sorbonne in den Jahren 1642–1643; Gassendi, der einen der eigenartigsten synthetischen Versuche der Philosophiegeschichte unternahm – die Verquickung des Christentums mit dem Materialismus Epikurs –, stellte hier auch Überlegungen zum Leben auf dem Monde an. Man konnte später Cyranos Mondgeschichte geradezu ein Kompendium der Gassendischen Philosophie nennen – und dieser wiederum wurde attestiert, »die eigentliche Erneuerung einer ausgebildeten materialistischen Weltanschauung« nach der Antike geleistet zu haben (F. A. Lange, *Geschichte des Materialismus*). Der Diskurs dieser eklektisch-radikalen Philosophie ist bei Cyrano eingefangen in einer höchst unterhaltenden Suada, reich an Komik und Überraschung. Der zweite Teil – der Roman von der Reise nach der Sonne – stockt gelegentlich ein wenig durch längere Abschweifungen des Geistwesens, das den Erzähler führt (identisch mit dem Dämon des Sokrates), doch insgesamt dürfte es wenige Narrationen des siebzehnten Jahrhunderts von solchem Abwechslungsreichtum geben – und von solch moderner intertextueller Roman-Ironie: Der Erzähler wird auf dem Monde mit einem anderen gestrandeten Irdischen – nämlich dem Mondfahrer aus Francis Godwins utopischer Erzählung *The Man in the Moone* (1638) – zusammengesperrt, und die Bewohner des Mondes, unvertraut mit der menschlichen Logik der Geschlechter, erwarten nun Nachwuchs von dem Menschenpärchen.

Wo ist unten, wo ist oben? Wie jede gute satirische Utopie verwirrt dieses Buch unsere Maßstäbe und Bezugspunkte (so, wie es zum Zwecke privater Komik noch in Haydns Oper *Die Welt auf dem Monde* von 1777 geschieht). Zu Beginn diskutiert man spätnachts auf einer Straße in Paris, heimkehrend von einer Gesellschaft, im Angesicht des Vollmonds, der »Safrankugel«, das Wesen dieses Gestirns, und der Erzähler erregt Gelächter, als er im Mond »eine Welt wie diese hier« sehen will – und entgegnet: »Genauso … lacht man jetzt vielleicht auf dem Mond einen aus, der behauptet hat, diese Himmelskugel hier sei eine Welt.« Der Mond als Erde, die aus lunarer Perspektive betrachtete Erdenscheibe als Mond – das Denken der Libertinage liebt die Kippfigur.

Ein solcherart hin und her changierender Blick begreift auch, daß unsere unternehmungslustigen Projekte, den Mond zu »erobern«, möglicherweise eine Entsprechung in Vorhaben der »Seleniten« haben könnten, wie H. G. Wells, der Verfasser der ersten großen Monderforschungsphantasie der Science Fiction, die Bewohner des Mondes nennt. Sein Roman *The First Men in the Moon* (der sich durch das Motto aus Lukians *Ikaromenippus* ebenfalls in eine lange, in die Antike zurückführende Ahnenreihe stellt) läßt

1901 den genialen, aber sozial phantasielosen Wissenschaftler Cavor, Erfinder einer für die Schwerkraft undurchlässigen Substanz (»Cavorit«), zum Mond reisen und dazu als Erzähler einen unternehmungslustigen Geschäftsmann (»We must annex this moon«). Diese imperialistischen Phantasien treffen jedoch unsanft auf die reale, »insektenhafte« Zivilisation der Bewohner des Mondes, und der Schluß des Romans läßt es in der Schwebe, ob die Seleniten nicht auch bald die Herstellung des Cavorits beherrschen und sich unserem Planeten nähern könnten (was eine Parallelaktion zu Wells' berühmtester *scientific romance* wäre: der Invasion vom Mars in *The War of the Worlds*, 1897).

In den Eingeborenen der in der Science Fiction von den Menschen angeflogenen Himmelskörper spiegeln sich alle Phantasie-Figurationen der irdischen Kolonialbevölkerungen: tückische Wilde, welche die selbstlosen Forscher bedrohen; Piraten und Fellachen; militante Konkurrenzzivilisationen; schließlich die der Auslöschung oder dem Niedergang geweihten Bewohner der »Traurigen Tropen« des Alls. Der Mond ist das nächstgelegene Objekt unserer kosmischen Eroberungsgelüste. In frühen Mondabenteuern schießt eine große Kanone die Expeditionsrakete auf den Mond (nüchtern ballistisch bei Jules Vernes *De la terre à la lune* (1865), wo der Gun Club in Baltimore die Sache in die Hand nimmt; groteskkomisch – mit einem Aufmarsch von uniformierten Soubretten – in George Méliès' Film *Voyage dans la lune*, 1902). Diese Kanone ist bereits so etwas wie das Emblem der Unterwerfungsgier. Die Rakete landet bei Méliès im Auge des runden Mondgesichts, das sich schmerzlich verzerrt. Ein solches Bild belegt die Herkunft dieses Kinos aus dem illusionistischen Zaubertheater, doch bezeichnet der Einfall in seiner genüßlichen Brutalität auch eine Logik der »Eroberung« des Weltalls.

… and much later Smith strolled homeward under the moving moons of Mars.

C. L. MOORE, »Shambleau« (*Weird Tales*, 1933)

Wenn es der subversiven Spekulation der Philosophen und Astronomen zufolge nicht nur eine Erde geben könnte, warum umkreist unseren Himmelskörper dann eigentlich nur *ein* Mond? Es ist eine der beliebtesten und effektivsten Verfremdungsstrategien der abenteuerlichen Science Fiction, an den Himmel eines planetaren Abenteuers zwei oder mehr Monde zu hängen; für uns ist der Gedanke, wir könnten uns mit mehr als einem Mond an unserem Firmament konfrontiert sehen, fremd, bizarr, eigentlich erschreckend, gelegentlich utopisch erheiternd.

Neben dem höchst erfolgreichen Tarzan-Zyklus, einer der wenigen genuin mythopoetischen Schöpfungen des letzten Jahrhunderts, hat der amerikanische Autor Edgar Rice Burroughs (1875–1950) auch zwei Serien von Abenteuerromanen geschrieben, die auf anderen Planeten spielen: dem Mars beziehungsweise der Venus. Der erste Band seiner Mars-Romane erschien in Buchform 1917: *A Princess of Mars*. Bei seinem ersten Erscheinen als Fortsetzungsserie fünf Jahre zuvor im *All-Story Magazine* trug der Text jedoch den signifikanten Titel »Under the Moons of Mars«: Das exotisch Ferne des Schauplatzes wurde mit einem verblüffend einfachen Kunstgriff durch den Umstand bezeichnet, daß der Planet Mars *zwei* Monde besitzt (benannt nach den Pferden des Kriegsgottes). Dieses Abenteuer auf Barsoom (so lautet hier der einheimische Name des Planeten Mars) geht dem ersten Tarzan-Abenteuer um ein halbes Jahr voraus und setzt dasselbe Requisitenrepertoire ein – wilde Tiere, fremde und kriegerische Völkerschaften, seltsame Landschaften und schöne Frauen, aber nicht im Dschungel, sondern auf einem anderen Planeten. Hier ist der schöne Begriff »space opera« zuständig – man formte die ironische Bezeichnung für melodramatische Western, »horse opera«, um und bezeichnete mit »space opera« jene Novität der Weltraumabenteuer, welche im Grunde nur oberflächlich drapierte und umgeschminkte irdische Abenteuererzählungen waren.

Die Anzahl der Trabanten eines Planeten kann sehr groß sein; der gebildete Kreuzworträtsellöser hat gelernt, daß der Jupiter immerhin vier große Monde besitzt (allesamt von der Astronomie nach Liebschaften des Götterherrschers benannt: Io, Europa, Ganymed, Kallisto). Kein dekorativer Kunstgriff der ansonsten konventionellen Schilderung planetarer Abenteuer in der naiven Science Fiction ist einfacher und wirkungsvoller, als mehrere Monde am Himmel des Schauplatzes erscheinen zu lassen und deren eigenartige, oft »rasche« Bahnen kurz anzudeuten.

Die reizvolle, seltsame Fremdheit dieser astronomischen Perspektive – warum nicht mehrere Monde? – kehrte im zwanzigsten Jahrhundert in verworrenen kosmologischen Phantasien auch plötzlich zu unserer eigenen Erde zurück. Man kann in den Antiquariaten das Strandgut dieser alt-modernen Wirrsal finden; etwa eine Broschüre mit dem schönen Untertitel »Ein Blatt vom Baume der Erkenntnis gepflückt und der denkenden Menschheit dargereicht« (Berlin 1900). Der Verfasser heißt O. Kars und der Titel proklamiert: *Der einstige zweite Mond der Erde als Urheber aller irdischen Entwicklung*. Derlei katastrophische Argumentationen sind gar nicht selten; sie haben in den fünfziger Jahren des letzten Jahrhunderts eine überraschende Blüte erlebt. Immanuel Velikovsky hat in seinem 1950 erschienenen Buch *Worlds in Collision*, zweifellos einem der einflußreichsten pseudowissenschaftlichen Werke der Epoche, die kühne Theorie entwickelt, die Venus habe sich erst in historischer Zeit als ein vom Jupiter abgespaltener Komet gebildet. Das Hauptinteresse Velikovskys, der keine näheren Kenntnisse der Astronomie, Geologie oder Physik besaß, war historiographisch: Es richtete sich darauf, geschichtliche oder jedenfalls überlieferte Ereignisse wie bestimmte Episoden des biblischen Exodus der Kinder Israel durch die Auswirkungen des Venuskometen zu erklären. Dieser teilt etwa bei einer seiner Annäherungen an die Erde das Rote Meer, und durch Präzipitation von Karbohydraten aus seinem Schweif regnet das Manna in die Wüste. Der faszinierende Nonsens Velikovskys, der sich aus dieser Kreuzung von Astronomie und biblischer Geschichte ergibt, ist unsinnig wegen seiner chronologischen Zuordnung und seiner bizarren Details; die Möglichkeit solcher kosmischer Kollisionen steht außer Zweifel. Schließlich gibt es, erdgeschichtlich faßbar, gewaltige Meteoriteneinschläge, welche ihre Spuren auf der Erdoberfläche hinterlassen haben. Und der Mond ist nach orthodoxer astrophysikalischer Meinung vor Milliarden Jahren durch die Berührung eines planetengroßen Himmelskörpers mit der Erde entstanden, bei welcher ein Brocken Erdkruste abgerissen wurde. Seitdem hat unsere Erde ihren Satelliten.

Nur den einen. Die seltsame Denkfigur, daß unser einziger Mond quasi vulgär ist und daß wir eigentlich etwas Besseres verdient haben, findet sich an signifikanter Stelle: bei einem der großen, kompromißlos verrückten Utopisten des frühen neunzehnten Jahrhunderts, einem Autor, von welchem Adorno schrieb: »Keiner bietet dem Vorwurf des Utopismus schutzloser sich dar als er«. Charles Fourier hat in seiner *Théorie des quatre mouvements et des destinées générales* (1808) nicht nur ein unerhört neues Gesellschaftsmodell formuliert, sondern nebenbei auch den Planeten und dessen Umgebung radikalprophetisch umgestaltet, in einer großen Ich-mache-alles-neu-Bewegung, welche die Nordsee in eine Art Limonade verwandeln und zu allen schädlichen oder unansehnlichen Spezies unter den Tieren die Anti-Spezies hervorbringen wird. (Daß eine klimatische Umwälzung Orangen in Warschau wachsen lassen wird – die sogenannten »polnischen Tangerinen« –, ist uns wohl augenblicklich als sehr bedenkliche Möglichkeit allzu nahe gerückt, als daß wir uns an der gütig-verrückten Spekulation noch leichten Herzens ergötzen wollten.) Und zu Fouriers Vorhersagen gehört auch: Unser trister, häßlicher Satellit, den er »Phoebé« nennt und der ihm zufolge kurz vor der Sintflut an einer Art Fieber zugrundeging und nun tot, als *cadavre blafard*, die Erde umkreist, wird durch sechs strahlend neue Monde ersetzt werden.

•

… Tout reposait dans Ur et dans Jérimadeth;
Les astres émaillaient le ciel profond et sombre;
Le croissant fin et clair parmi ces fleurs de l'ombre
Brillait à l'occident, et Ruth se demandait,

Immobile, ouvrant l'œil à moitié sous ses voiles,
Quel dieu, quel moissonneur de l'éternel été
Avait, en s'allant, négligemment jeté
Cette faucille d'or dans le champ des étoiles.

VICTOR HUGO, »Booz endormi« *(La Légende des Siècles)*

»Alles ruhte in Ur und in Jerimadeth.« (Den zweiten Namen hat der Dichter erfunden.) »Die Sterne emaillierten den tiefen, dunklen Himmel; der schmale helle junge Mond glänzte unter jenen Schattenblüten im Westen, und Ruth fragte sich reglos, das Auge unter ihren Schleiern halb auftuend, welcher Gott, welcher Schnitter des ewigen Sommers, wohl beiläufig im Fortgehen diese goldene Sichel in das Sternenfeld geschleudert hatte.« In diesen Zeilen wendet sich der Blick hinauf in den Himmel und findet dort eine Widerspiegelung der Erde mit ihrem Ackerbau und ihrer Erntearbeit. Sie sind berühmt wie wenige andere der französischen Lyrik. (In einem der Adamsberg-Krininalromane von Fred Vargas gehen sie dem Kommissar fast das ganze Buch hindurch im Kopf herum – *Sous les vents de Neptune*, 2004.) Victor Hugos Gedicht geht von dem biblischen *Buch Ruth* aus, jener »Novelle« von der fremdländischen Magd, der Moabiterin Ruth, die in dem Grundherrn Boas einen Beschützer findet. Ruth ist – zentrales Motiv der meisten bildlichen Darstellungen – zuerst eine Ährenleserin, die den Schnittern folgt und die übersehenen, liegengebliebenen Getreidehalme für sich und ihre Familie aufsammelt. Die Züge der Fremdheit und der Dürftigkeit treten in Hugos Gedicht völlig zurück; in einem anderen großen Gedicht der europäischen Literatur werden sie *en passant* akzentuiert: Keats denkt beim Gesang der Nachtigall daran, wer schon alles dieser Melodie gelauscht haben mag: »Perhaps the selfsame song that found a path / Through the sad heart of Ruth, when, sick for home, / She stood in tears among the alien corn.« (»Ode to a Nightingale«)

Der bukolische goldene Mond Hugos zeigt uns noch einmal, daß die Sichelform nicht unbedingt bedrohlich sein muß: In diesem Poem wird sie unendlich pastoral, sie macht das ganze Himmelsgewölbe zu einem friedlichen patriarchalen Kornfeld. Ruth liegt zu den Füßen des Boas und blickt zu den Sternen und dem Mond empor. In den letzten Zeilen geht etwas poetologisch Interessantes vor: die Rückverwandlung der künstlich-dichterischen Metapher in eine »natürliche« Geschichte, die man sich im halben Schlaf selbst erfindet. Die Mondsichel ist *wie* eine goldene Sichel eines himmlischen Schnitters: Das wird zu der kleinen Erzählung, die das »Wie« des Vergleichs hinter sich läßt, indem sie sich ohne weiteres fragt, *welcher* göttliche Schnitter wohl im Weggehen diese Sichel hingeworfen hat, *négligemment*.

Es hat seine Logik, daß über dem von den Schnittern abgeernteten Ährenfeld die Mondsichel glänzt. Allerdings steht über den meisten Erntemond-Landschaften der Malerei der große runde »Harvest Moon« im Sinne Oliver Hardys. Nirgends liegen die bukolischen Felder so geheimnisvoll still und tröstlich unter dem Monde da wie auf den Radierungen, Tuschzeichnungen und Aquarellen des visionären englischen Landschafters Samuel Palmer, der um 1825 (in gewisser Weise in der Nachfolge William Blakes) einige der erstaunlichsten Ansichten ländlicher Szenerien geschaffen hat, gesteigert zu utopisch leuchtender Schönheit. Zu Palmers Eigenheiten bei der Darstellung des Mondes gehört es, daß er oft die Mondsichel wiedergibt, doch stets so, daß sie von einem vollständigen Rund in blasserer Färbung umschlossen bleibt; ein Anblick, den der Mond real gelegentlich andeutungsweise bietet, den der Künstler hier quasi prinzipiell festhält. Dieser stets volle Mond scheint genährt von der Fülle der vom Menschen bearbeiteten Natur. »Menschlich mondhaft geisterhaft«, wie Hans Arp eine seiner Bronzen benannt hat.

Daß du noch schwebst, uralter Mond?
PETER HUCHEL, »Die Sternenreuse«

Ich spreche Mond. Da schwebt er –
WILHELM LEHMANN, »Mond im Januar«

Der Mond schwebt; diese Übereinkunft der Lyriker bezeichnet das zauberisch Leichte, in seiner uns fernen Leichtigkeit aber auch Beunruhigende an ihm. »Im Mittelpunkt der Gardine schwebt die Königin der Nacht, auf der glänzend erleuchteten Mondsichel stehend, wie aus den Fluten des Meeres empor und schreitet von da aus über das Gewölk hinaus in die Bühne. Der nun über den Wolken ruhende Mond macht in dieser ganzen, nur wie eine flüchtige Erscheinung vorübergleitenden Scene, einen großen, magischen Effekt. So viel vermag man durch einfache, genial aufgefaßte und am rechten Ort angewendete Mittel zu erreichen.« Soweit das *Dramaturgische Wochenblatt* 1816 zu Schinkels Bühnenbild für die *Zauberflöte* am Königlichen Schauspielhaus in Berlin.

Goethe hat einen – Fragment gebliebenen – Fortsetzungsversuch des Librettos von Mozarts Oper hinterlassen, *Der Zauberflöte zweyter Teil*. Zu Beginn hat die Königin der Nacht eine große Szene, doch steht diese nicht im Zeichen des Mondes, sondern in dem drohender Kometen und anderer sinisterer Himmelszeichen. »In den Wolken kreuzen sich Kometen, Elmsfeuer und Lichtballen [= Kugelblitze]. Das Ganze muß durch Form und Farbe und geheime

Symmetrie einen zwar grausenhaften, doch angenehmen Effekt machen.« (Letzteres ein sehr Goethescher Satz.) Der Verzicht auf den Mond ist schier erstaunlich, bedenkt man Goethes ausgeprägtes Interesse an diesem Himmelskörper, das nicht nur in großen Gedichten, sondern auch in einer Fülle einschlägiger Tagebuch- und Briefstellen (an Schiller am 10. August 1799: er habe mit dem Teleskop einen »Besuch im Monde gemacht«) seinen Ausdruck gefunden hat. Am Mond läßt sich exemplarisch beobachten, wie Goethes Erleben, seine Aisthesis, »ästhetische« Wahrnehmungsformen und wissenschaftliches Interesse verbindet. Zwischen den Teleskop-Beobachtungen (welche ihn mit dem »so lange geliebten und bewunderten Nachbar endlich näher bekannt« machen), den teilweise rauschhaft erlebten Mondscheinspaziergängen (an der Ilm oder in Rom) und den Mondgedichten vermittelt die Instanz der Zeichnung. Goethes erstaunlich gelungene Mondlandschaften (etwa »Mondsichel über nachtdunklen Bäumen«, 1776?, oder »Brocken im Mondlicht«, 1777) haben die Aura von geheimnisvollen Stimmungsbildern und gleichzeitig die Präzision einer Beobachtungsskizze.

In der Summe der Goetheschen Mond-Notizen und Mond-Poeme verbinden sich dieser präzise Blick, eine sehnsüchtige Emotionalität und gelegentlich ein ironisches Geselligkeitsbedürfnis: »Es war eine Zeit, wo man den Mond nur empfinden wollte jetzt will man ihn sehen ich wünsche, daß es recht viel Neugierige geben möge damit wir die schönen Damen nach und nach in unser Observatorium locken.« (An Schiller, 10. April 1800) Das späte Dornburger Gedicht vom 25. August 1828, »Dem aufgehenden Vollmonde«, scheint die Züge seiner Mondlyrik zusammenzufassen – den astronomischen Beobachterblick (Zeile 6), die vom Mondlicht erregte Sehnsucht nach der Geliebten, die Zwiesprache mit dem Du des Gestirns, die in das sich Bahn brechende Licht gesetzte Zuversicht.

Willst du mich sogleich verlassen,
Warst im Augenblick so nah!
Dich umfinstern Wolkenmassen,
Und nun bist du gar nicht da.

Doch du fühlst, wie ich betrübt bin,
Blickt dein Rand herauf als Stern!
Zeugest mir, daß ich geliebt bin,
Sei das Liebchen noch so fern.

So hinan denn, hell und heller,
Reiner Bahn, in voller Pracht!
Schlägt mein Herz auch schmerzlich schneller,
Überselig ist die Nacht.

Hier zeigt sich Goethes unübersetzbare Begabung, völlig Konventionelles (»Sei das Liebchen noch so fern«) und erstaunlich alltägliches Parlando (»Und nun bist du gar nicht da«) in den Zusammenhang großer Dichtungssprache aufzuheben.

Die holländische Landschaftsmalerei des siebzehnten Jahrhunderts hat Spezialisten für Mondstimmungen hervorgebracht; der bedeutendste dürfte Aert van der Neer sein, der auch in Ansichten von winterlichen Flüssen und den Lichteffekten nächtlicher Brände exzellierte. Im Städel kann man ein Bild von ihm sehen, auf dem der aufgehende Mond über einem Fluß steht, selbst hinter einem Segel verborgen, doch sein Licht im Wasser spiegelnd. Ein »Riviergezicht bij maanlicht« (etwa 1645) hängt im Rijksmuseum in Amsterdam: Hier wirft der aus Wolken hervortretende Mond einen konzentrierten Strahl seines Lichts vertikal auf das Wasser des Flusses, wo sich der reflektierte Glanz in Ufernähe in einem leuchtenden Punkt sammelt, eine magische Licht-Linie, die stark an die Herabkunft des Heiligen Geistes in Szenen von der Taufe Christi erinnert. Das Mondlicht verwandelt bei einem solchen Meister die nüchternen Felder und Dörfer der – nebenan an anderen Museumswänden hängenden – Taglandschaften eines fleißigen Volkes zum Geheimnis.

Der Mond täuscht, er verführt, er macht alles unheimlich und er macht alles zauberisch schön. Vor allem schafft er etwas, das wir nicht mehr recht gewohnt sind: eine große Stille. In diese Stille tritt oft die Musik. »Clair de lune« heißt der dritte Satz aus Debussys 1890 komponierter *Suite bergamasque*. Er geht auf ein Gedicht von Verlaine zurück. In dieser Mondscheinmusik, die – wie es bei Verlaine heißt – traurig ist und schön, hören wir das Licht der Stille.

Zum Mondschein gehört bei Verlaine die Silhouette. Eines seiner einflußreichsten Gedichte, »Fantoches«, beginnt:

Scaramouche et Pulcinella,
Qu'un mauvais dessein rassembla,
Gesticulent noirs sous la lune.

Das Marionettenhafte (*fantoches* ist abgeleitet vom italienischen *fantoccio*, Gliederpuppe) dieser winzigen *commedia dell'arte*-Szenerie tritt im Mondschein hervor, zur Marionette gehört mit mysteriöser Folgerichtigkeit der Schattenriß. Das Mondlicht schafft scharfe Umrisse. Noch einmal Raymond Chandler, den so vieles intim mit der spätromantischen Literatur verbindet: »The wind was quiet out here and the valley moonlight was so sharp that the black shadows looked as if they had been cut with an engraving tool« (*The High Window*).

o

FENTON Bocca bacciata non perde ventura –
NANNETTA Anzi rinnova come fa la luna.
VERDI, *Falstaff* (Libretto von Arrigo Boito), I. Akt

In einem dumm-besinnlichen Liedchen aus dem Jahre 1802 (der Text ist von Kotzebue, die Musik von Friedrich Heinrich Himmel) sind eigentlich nur die ersten beiden Zeilen ein wenig bemerkenswert; sie scheinen mit beiläufiger Insistenz etwas auszudrücken, was melancholisch stimmt: »Es kann doch nicht immer so bleiben / Hier unter dem wechselnden Mond.« Daß wir alle einmal nicht mehr da sein werden, diese triviale und unheimliche Einsicht führt lediglich zu dem Vorsatz, recht lustig zu sein und den »Becher der Fröhlichkeit« kreisen zu lassen. »Wir sitzen so fröhlich beisammen / und haben uns alle so lieb; / Wir heitern einander das Leben: / Ach, wenn es doch immer so blieb!« Dieses epikuräische Thema von der Vergänglichkeit und der durch diese nahegelegten Fröhlichkeit wird unter das Bild des Mondes gestellt, des »wechselnden Mondes«.

Der Mond »wechselt« rhythmisch und ist Garant der ewigen Veränderung, aber auch der ewigen Rückkehr in die alte Form. Noch genauer: Er zeigt, daß sich der Anblick von etwas verändern mag, das Ding selbst jedoch ungerührt gleich bleibt, wie wir wissen, auch wenn wir es nicht sehen. In der Emblematik und der heraldischen Devisenliteratur, wo die vollen, zunehmenden und abnehmenden Monde keine geringe Rolle spielen, begegnet gelegentlich der Satz »Lateo non minuor« neben der Mondsichel. »Ich bin verborgen, doch nicht geringer.« Die christlichen Emblembücher bringen dies beflissen mit Jesaias LX, 20 in Verbindung »Deine Sonne wird nicht mehr vntergehen / noch dein Mond den schein verlieren / Denn der HERR wird dein ewiges Liecht sein …« (nach Luther). Es drückt sich in diesem stolzen Satz jedoch eher die stoisch-aristokratische Behauptung aus, daß es gleich ist, wie man in der Gunst der Welt (des Hofes) erscheint, *non minuor*, ich bleibe, der ich bin, und werde nicht geringer. In einem großen deutschen Gedicht, das früher die Kindheit begleitete, heißt es: »Seht ihr den Mond dort stehen? / Er ist nur halb zu sehen / Und ist doch rund und schön. / So sind wohl manche Sachen, / die wir getrost belachen, / weil unsere Augen sie nicht sehn.« Hier lachen wieder »wir« über ein unbegriffenes Geheimnis der (für Claudius: göttlich geordneten) Welt.

Und veränderte sich der Mond nicht? Daß der Mond *nicht* vergehen will, daß kein Wechsel eintritt, ist das Zeichen eines sinisteren, strafenden Zauberbanns. Ein alter Mann, gezeichnet von Habgier und Einsamkeit, findet nicht mehr aus seinem Zimmer. »Draußen aus der Tiefe der Gasse hörte er den Wächter rufen. ›Ein Mensch, ein Mensch!‹ murmelte er; ›die Nacht ist so lang, so vielmal bin ich aufgewacht, und noch immer scheint der Mond.‹« (Theodor Storm, »Bulemanns Haus«)

Erst spät nach Mitternacht, als ein dünner Mondstrahl auf sein Gesicht fiel, kam eine leise Unruhe über ihn, und er bewegte unhörbar die Lippen, wie jemand, der im Schlaf spricht. – Es schien immer dasselbe Wort zu sein, – ein zweisilbiger Satz vielleicht, – so wie:
»Laß mich. Laß mich. Laß mich.«

GUSTAV MEYRINK, *Der Golem*

»Also«, sagte er, »Nisbet, ich möchte, daß Sie mir ganz genau sagen, was Sie auf diesem Bild sehen. Beschreiben Sie es bitte in allen Einzelheiten. Ich sage Ihnen später, weshalb.«

»Nun«, sagte Nisbet, »ich habe hier die Ansicht eines Herrenhauses – eines englischen, nehme ich an – bei Mondlicht.«

»Mondlicht? Sind Sie da sicher?«

»Gewiß. Der Mond scheint unterzugehen, wenn Sie die Details haben wollen, und es stehen Wolken am Himmel.«

»Gut. Machen Sie weiter. Ich könnte schwören«, sagte Williams für sich, »daß kein Mond da war, als ich es zuerst gesehen habe.«

M. R. JAMES, »The Mezzotint« *(Ghost Stories of an Antiquary)*

Der Mondschein ist romantisch-idyllisch, doch gleich hinter seinem Schleierglanz beginnen die Unheimlichkeit und die Bedrohung. Sein Licht verzerrt den Geist und die Körperlichkeit (deformiert geborene Tiere sind »Mondkälber«). Zu den »halbgeglaubten«

Überlieferungen, welche die großen Kindheitsethnologen Iona und Peter Opie in ihrem klassischen Werk *The Lore and Language of Schoolchildren* (1959) aufgezeichnet haben, gehört es nach dem Zweiten Weltkrieg immer noch, daß der im Mondschein Schlafende verrückt wird. (»Äußerlich scheinen die Kinder in den Nebenstraßen und um die Siedlung dem zwanzigsten Jahrhundert anzugehören, aber alte Angstvorstellungen, wenn sie auch nur halb geglaubt werden mögen, infiltrieren ihren Geist – Warnungen, daß das Mondlicht, welches auf das Gesicht eines Schlafenden scheint, ihn wahnsinnig macht…«) Und der Mond schlägt diejenigen, die zum Zweiten Gesicht verurteilt sind, in seinen Bann.

So klar die Lüfte, am Äther rein
Träumt nicht die zarteste Flocke,
Der Vollmond lagert den blauen Schein
Auf des schlafenden Freiherrn Locke,
Hernieder bohrend in kalter Kraft
Die Vampirzunge, des Strahles Schaft.

Dies ist die *second sight*-Ballade »Vorgeschichte« von Annette von Droste-Hülshoff; die Droste ist eine große Inszeniererin von phantastischen und bedrohlichen lunaren Stimmungen. Ein ganzes Panorama dämonischen Mondscheins enthält ihr seltsames Gedicht »Der spiritus familiaris des Roßtäuschers« (1842), das eine Teufelsbündnergeschichte aus den *Deutschen Sagen* der Gebrüder Grimm ausmalt, beginnend mit einer Vollmondsilvesternacht voll klirrender Kälte (»Die Stunde zehrt, es schwillt der Mond, / bald ist des Jahres Schluß gekommen…«).

Der Mond gehört narrativ und ikonographisch zur bösen Zauberei. Nachdem Hekate, die Herrscherin der Hexen, zu Beginn der fünften Szene des dritten Aktes von *Macbeth* erschienen ist, um die drei Hexenvetteln drohend zu beschimpfen, weil sie bisher nicht genug getan haben, um Macbeth – der halsstarrig seine eigenen Pläne verfolgt – ins Verderben zu führen, kündigt sie schließlich an, sie müsse nun in dringenden Geschäften fort. »Great business must be wrought ere noon. / Upon the corner of the moon / There hangs a vap'rous drop profound; / I'll catch it ere it come to ground; / And that, distilled by magic sleights, / Shall raise such artifical sprites / As by the strength of their illusion / Shall draw him on to his confusion.«

Aus einem Tropfen, der im Augenblick noch an einer »Ecke« des Mondes hängt, aber bald abfallen wird, um von Hekate aufgefangen zu werden, werden durch Magie gewisse *sprites* – Geister, Kobolde, Irrwische – destilliert werden, die Macbeth »durch die Kraft ihrer Illusion … zu seinem Untergang hinziehen werden«. Der Mond ist die Quelle der verhängnisvollen Illusionen, sie entquellen ihm sozusagen als Flüssigkeit, welche die Hexe auffangen und magisch weiterverarbeiten kann.

Der vielleicht bedeutendste phantastische Roman der deutschsprachigen Literatur (der vor gerade einem Jahrhundert 1916 veröffentlicht wurde) beginnt mit dem Mondlicht. »Das Mondlicht fällt auf das Fußende meines Bettes und liegt dort wie ein großer, heller, flacher Stein. – Wenn der Vollmond in seiner Gestalt zu schrumpfen beginnt und seine rechte Seite fängt an zu verfallen, – wie ein Gesicht, das dem Alter entgegengeht, zuerst an einer Wange Falten zeigt und abmagert, – dann bemächtigt sich meiner um solche Zeit des Nachts eine trübe, qualvolle Unruhe. – Ich schlafe nicht und wache nicht, und im Halbtraum vermischt sich in meiner Seele Erlebtes mit Gelesenem und Gehörtem, wie Ströme von verschiedener Farbe und Klarheit zusammenfließen…« (*Der Golem*) Dieses Stimmungsregister geht durch den ganzen Roman. Der Fleck Mondlicht, der zu Beginn auf dem Fuß des Bettes liegt, erinnert den Erzähler im Halbschlaf an den Stein, der in der buddhistischen Weisheitspredigt »wie ein Stück Fett« aussieht, jedoch die Krähe enttäuscht, die ihn anfliegt, so daß sie ihn wieder verläßt: wie die Versucher den asketischen Buddha enttäuscht verlassen. Und dreihundertfünfzig Romanseiten später, nach labyrinthischen Tragödien und rätselhaften Offenbarungen, hängt dieser Erzähler stürzend einen Augenblick lang an der Mauer eines brennenden Hauses und will sich am Fenstersims festhalten, doch der Stein ist glatt *wie ein Stück Fett*, und er erwacht zu einem noch seltsameren Schluß des Buches.

Wenn nicht den Alptraum, den Wahnsinn, den Spuk oder die Mondkälber, so gebiert der Mond doch die Illusion. Er ist traditionell die Heimstatt der Phantastereien. Der Tagträumer und hingerissene Projektenmacher ist im französischen Sprachgebrauch *dans la lune*. »Mein Lieber«, sagt einer in Hugos *Misérables* (IV, 8, 3), »du machst im Augenblick den Eindruck, als befändest du dich auf dem Mond, im Königreich Traum, Provinz Illusion, Hauptstadt Seifenblase ...« Immer noch wollen wir im übrigen gerne an der einen oder anderen Illusion, welche den Mond selbst betrifft, halb und halb festhalten. Formen einer »Astralmedizin«, die den menschlichen Körper dadurch heilen möchte, daß sie erkrankte Partien dem Mondlicht aussetzt, geistern durch die Geschichte des Okkultismus; in Lichtenbergs Kommentaren zu Hogarths Kupferstichen erscheint (um sofort wieder zu verschwinden) im Kontext von »Credulity, Superstition and Fanaticism« ein »Mond-Doctor«, den die Philologie als einen gewissen Weisleder identifiziert hat, der mit seiner Frau in den frühen 1780er Jahren in Berlin praktizierte. Die Vorstellung, daß vom Mond über die Gravitationskräfte hinaus mehr oder weniger geheimnisvolle Einflüsse ausgehen, ist ubiquitär. Daß man bei bestimmten Mondphasen sich die Haare schneiden oder die Feldfrüchte aussäen soll, das sind neben vielen anderen vorsichtigen Seitenblicken auf den gerade aktuellen Wandel des Mondes verbreitete Vorstellungen. Auch wer Derartiges als gemütlichen oder leicht spukhaften Aberglauben ansieht, muß einräumen: Der Abergläubische stellt sich auf diese Weise bewußt in die Empirie der kosmischen Bewegungsabläufe.

•

Read my story last, and see
Luna at her apogee.
KIPLING, »Consequences«

WILLY, *staring through the window into the moonlight*:
Gee, look at the moon moving between the buildings!
ARTHUR MILLER, *Death of a Salesman*, Ende des 1. Akts

Der Mond evoziert Stimmungen. »Wie traurig steigt die unvollkommene Scheibe / des roten Monds mit später Glut herauf«, sagt Faust, der trotz der Anstrengung beim Aufstieg auf den Blocksberg in der Walpurgisnacht beim Anblick des Mondes ins Sinnieren gerät. »Und leuchtet schlecht«, fügt Mephisto nüchtern-irritiert hinzu. Hier setzt sich die praktische Diagnose in den Gegensatz zur grüblerisch-dichterischen Betrachtung. Hat denn der Mond aber (abgesehen von den Auswirkungen einer guten oder schlechten Beleuchtung für Wanderer und Jäger) jenseits der okkulten Spekulation und diesseits der Raumfahrt unserer Gegenwart eine praktische Bedeutung? Nun – er frißt (gelegentlich) die Sonne.

Die berühmte Beschreibung Adalbert Stifters »Die Sonnenfinsternis am 8. Juli 1842« enthält noch etwas von dem archaischen Schauer früherer und ältester Zeiten – während heutzutage die sich bei Finsternissen versammelnden Menschenmengen eher dazu neigen, Beifall zu klatschen. »Seltsam war es, daß dies unheimliche, klumpenhafte, tief schwarze, vorrückende Ding, das langsam die Sonne wegfraß, unser Mond sein sollte, der schöne sanfte Mond, der sonst die Nächte so florig silbern beglänzte, aber doch war er es ... es war ein lastend unheimliches Entfremden unserer Natur ... die Stadt sank zu unsern Füßen immer tiefer, wie ein wesenloses Schattenspiel, hinab ...« In einem Abenteuer, das Tintin widerfährt, ehe er zum Mond reist, spielt der Himmelskörper im Augenblick seiner Verfinsterung der Sonne eine bedeutende Rolle als praktisches Zaubermittel der westlichen Wissenschaft (*Le Temple du Soleil*, 1946–1948). Die Geschichte stellt eine interessante Etappe in der Gesamtentwicklung der Tintin-Geschichten vom unbefangenen Imperialismus zu einer gewissen naiven Kolonialismuskritik dar: Hier wie in dem Band davor, wo diese Erzählung beginnt *(Les Sept Boules de cristal)* sind die unerbittlich den Tod verhängenden Abgesandten des Inka gleichzeitig die Rächer der Plünderung ihrer Heimat durch die europäische Archäologie. In der Gefangenschaft des Inka-Königs stößt Tintin vor der bevorstehenden Hinrichtung auf dem Scheiterhaufen auf einen Fetzen Zeitungspapier, dem er – (Denkblase mit einer Explosion von Ausrufe- und Fragezeichen; »YOUPIIIE!«) – eine wichtige Information entnimmt. Und mit dieser ist er in der Lage, sich und die Gefährten zu befreien:

Er kann durch seine Ankündigung eine Sonnenfinsternis scheinbar herbeiführen wie beenden, und man hält ihn entsetzt für einen Schützling der Sonne. Ein solcher Sieg über eine Eingeborenenkultur durch überlegenes astronomisches Wissen ist ein Topos der Abenteuerliteratur, doch gibt es einen historischen Präzedenzfall, den Diego Méndez von der letzten Reise des Kolumbus berichtet. Die Eingeborenen Jamaikas waren es müde, die spanischen Seefahrer mit Lebensmitteln zu versorgen, aber der Entdeckungsreisende versetzte sie in Angst, als sich eine von ihm angekündigte Mondfinsternis tatsächlich ereignete. »Er sagte, Gott sei sehr böse auf sie und würde ihnen seinen Zorn durch Zeichen am Himmel verkünden.« Und in der folgenden Nacht auf den 1. März 1504 trat die Finsternis ein, wie Kolumbus aus den in der Seefahrt der Zeit hochgeschätzten *Ephemeriden* des deutschen Astronomen Regiomontanus wußte (nach welchem später ein Mondkrater östlich des Mare Nubium benannt werden sollte).

Die aufwendigste wissenschaftlich-praktische Aktion des letzten Jahrhunderts war zweifellos die Mondlandung. Doch die berühmteste Mondesphantasie der letzten Jahrzehnte ist der unbeirrbar auf vielen Websites und in einer Unzahl von Blogs vorgetragene Einspruch: Die NASA war nie auf dem Mond! Die Mondlandung wurde im Studio simuliert; Kubrick hatte den Auftrag, sie zu inszenieren. Diese Behauptung insistiert auf einer langen Reihe praktischer Details, von denen wir alle schon einmal vage gehört haben: Man bedenke die wehende Fahne, die falschen Schatten, die fehlende Stichflamme, die zu kleine Ausstiegsluke … Vor allem aber belehrt sie uns darüber, daß die Regierung der USA – mit Zehntausenden, ja, Hunderttausenden von Mitwissern – der Öffentlichkeit eine gigantische Lüge präsentiert hat. Mit Bill Kaysings *We Never Went to the Moon: America's Thirty Billion Dollar Swindle* begann im Jahre 1976 der Siegeszug dieser verspielt paranoiden Theorie. (Es ist interessant, daß die zweite große »Weltraum«-Phantasie der Zeit, der sogenannte »Roswell Incident«, nach Jahren des Vergessens in eben jenen Jahren von der UFO-Spekulation wiederentdeckt wurde. Nach dem Absturz eines Wetterballons der US Air Force 1947 verbreiteten sich Gerüchte, ein UFO sei in der Nähe von Roswell, New Mexico, gestrandet. Neue »Forschungen« begannen 1978, das erste Buch zum Mythem erschien 1980: Die Armee hätte hastig die Trümmer des Weltraumflugkörpers und die Leichen der außerirdischen Besatzung geborgen und die Behörden hätten alles getan, um den Vorfall zu vertuschen. Die beiden extrem fruchtbaren verschwörungstheoretischen Phantasien zu Roswell und zur Mondlandung lassen sich symmetrisch anordnen: Die Regierung verheimlicht uns, daß Außerirdische aus dem Weltraum zu uns gelangt sind; die Regierung verheimlicht uns, daß wir selbst in Wirklichkeit niemals in den Weltraum vorgedrungen sind.)

Hat dies, wie alle elaborierten Verschwörungstheorien, den bizarren und beunruhigenden Reiz einer Wahnvorstellung, so erreichen wir mit den Weiterungen derartiger Phantasien das rechtsesoterische Sumpfgebiet, das Veröffentlichungen wie den großartigen Titel »Lügen im Weltraum« (mit dem Untertitel »Von der Mondlandung zur Weltherrschaft«) hervorbringt, eine Zone, wo die NASA nie auf dem Mond war, dafür aber die Nazis (mittels ihrer »Reichsflugscheiben«). Die Groteskkomödie *Iron Sky*, die 2012 eine Nazi-Basis »Dunkle Sonne« auf die erdabgewandte Seite des Mondes verlegt hat, montiert Elemente derartiger völkischer New-Age-Träumereien und unterzieht sie einer Art satirischer Desinfektion.

Man kann ein wenig darüber spekulieren, woher die beträchtliche emotionale Energie stammt, welche die oft hochpolemische Publizistik antreibt, die nichts davon wissen will, daß eines Menschen Fuß den Mond betreten hat. Natürlich entspringt sie dem diffusen Mißtrauen gegen »die Politik«. Aber reicht das aus? Ist es vielleicht das über alle Maßen Unwirtliche, Abstoßende, Leere und Bedrohliche des Mondes, auf das man hier reagiert? »But the moon! That barren, airless globe that no one ever visits!«, wie ein Mädchen in einem Pulp-Magazin 1940 erschauernd-naiv ausruft (Edmund Hamilton, *Captain Future and the Space Emperor*). Das mag mitspielen. Ich glaube aber, daß die Leugnung der Mondlandung insgeheim widerspiegelt, daß der Mond mit seiner leeren Scheibe eben ein machtvolles, auf verschiedenste Weise interpretierbares *Zeichen* sein muß und bleiben soll. Die verschwörungstheoretische Verachtung für alle, die da meinen, »wir« seien tatsächlich auf dem Mond gewesen (zwölf Menschen waren es zwischen dem 21. 7. 1969 und dem 14. 12. 1972), zielt auf die Bekräftigung dieser herrlichen Zeichenhaftigkeit. Oder sagen wir: auf die Unaufhebbarkeit des Widerspruchs zwischen Körperlichkeit und Zeichenhaftigkeit. Auf das weiße Blatt der Mondenscheibe, dem wir so gerne unsere Ideen einbeschreiben, darf kein Fuß treten.

Durch stille Hauche keucht ein Katerschrei.
Doch Wolken wölben sich monumental.
Da vorne, urhaft, wie ein Grönlandwal,
Und ohne Schicksal sitzt ganz groß und kahl
Der Mond vor seiner Riesenstaffelei.

ERNST BLASS, »Sommernacht«

Die Dichter stellen sich fortwährend der Herausforderung, den Mond noch einmal überraschend zu zeigen. Denn nichts kann so langweilig sein wie die leiernde Beschwörung des Mondes; neben der Rose, dem Waldesrauschen und dem Meer gehört er zu den höchst abgegriffenen, über die Maßen strapazierten Versatzstücken der Naturbeschreibung. Und doch ist er (er, der von Anbeginn tot ist) »unverwüstlich«, und sein Geheimnis tritt oft gerade in der kitschigen Stereotypie überraschend zutage. »It is only a paper moon, / Sailing over a cardboard sea…«, singt die Stimme von Frank Sinatra. Doch ist es nicht so sehr die in diesem Schlager gezogene erotische Konsequenz (»if you believed in me«), die zauberisch ist, sondern es ist jene Magie, die sich gerade in der unendlichen Wiederholung der Requisite zeigt. Ja, der Mond ist eine abgegriffene Münze, genau so sieht er häufig aus. Alt und schäbig ist er. In der zweiundvierzigsten Nummer seiner und seines Freundes Sir Richard Steele Zeitschrift *The Tatler* (16. Juli 1709) druckt Joseph Addison eine Liste von Gegenständen ab, die wegen der Schließung des Drury Lane Theatre zum Verkauf stehen werden. In dieser faszinierenden Aufzählung finden sich traditionelle wie auch satirisch hinzuerfundene Bühnenrequisiten (oder solche, bei denen man nicht genau weiß, in welche der beiden Kategorien sie gehören, wie etwa die »Schlange, um Kleopatra zu beißen«). Einige der ironischeren Posten seien zitiert: Julias Balkon, »eine kleine Landkarte für König Lear«, elf metallene, siebenundsechzig hölzerne und fünf steinerne Donnerkeile, »ein Kaisermantel für Kyros den Großen, getragen auch von Julius Caesar, Bajazet, König Heinrich VIII. und Signor Valentini. Die Kaiserrobe von Xerxes, nur einmal getragen« (ein Seitenhieb auf Colley Cibbers Tragödie *Xerxes*, die nach nur einer Vorstellung 1699 abgesetzt wurde). »Ein Federhut, nur von Ödipus und dem Earl of Essex getragen.« Und das allererste zu versteigernde Objekt ist »A new moon, something decayed«. Ein schmaler zunehmender Mond, etwas verfallen. Es geschieht rechtens, daß der Mond die Liste all jener Requisiten anführt, die auch im Verfall und in der Lächerlichkeit etwas vom Zauber der Theaterwelt in sich beschließen; vom Zauber der Welt überhaupt. Hinfällig, fleckig, abgefingert von unseren Phantasien oder nicht – er ist der Mond. »Guter Freund, das ist nicht löblich, daß man so etwas alle Tage sieht, und fragt nie, was es bedeutet.«

Hinweise und Abschweifungen

S. 11 »... *heut nacht, da passiert noch was*...« Unter anderem wird sich die amerikanische Sprache durch einen Neologismus des Zeichners Segar bereichern (der auch für das Wort *jeep* verantwortlich war): Die monströse Begleiterin der Meerhexe, Alice the Goon, wird einen starken Eindruck hinterlassen und ihr Name *goon* wird bald zum Synonym für »Gorilla«, »Schlagetot«, »Prügelgangster« werden.

S. 14 *Hans Baluschek* Wichtige Werke unter anderem im Bröhan-Museum und im Berliner Stadtmuseum.

S. 15 ... *unter schweres Verbot stellen kann.* In Grabbes genialisch konfuser Komödie *Scherz, Satire, Ironie und tiefere Bedeutung* spielt der Teufel eine große Rolle; ihn friert es außerhalb der Hölle entsetzlich. Die dritte Szene des ersten Aktes beginnt: »*Heller warmer Sommertag. Der Teufel sitzt auf einem Hügel und friert.* ›'s ist kalt – kalt ... Hol mich Gott, es ist sehr kalt! – Könnt ich nur Holz stehlen oder 'nen Wald anzünden ... Holz stehlen, – Wald anzünden, – anzünden, – stehlen –‹ *(er erfriert.)*« Der Teufel – der in der nächsten Szene als gefrorener Kadaver ein Objekt des Interesses verschiedener Naturhistoriker sein wird – erwägt, um sich Wärme zu verschaffen, zwei Möglichkeiten, von denen die eine vom Standpunkt der Klassenjustiz aus gesehen so ungeheuerlich ist wie die andere: den ganzen Wald anzuzünden oder sich Holz zu stehlen.

S. 16 »*... So komm i in Maun!*« Beide Sagen ursprünglich bei Ernst Meier, *Deutsche Sagen, Sitten und Gebräuche aus Schwaben*, Stuttgart 1852; Petzoldt: München 1970.

S. 16 *... die Gustav Meyrink 1917 veröffentlicht hat.* Also ein Jahr nach der Buchversion von *Peterchens Mondfahrt*. Die Geschichte wurde dann in die Sammlung *Fledermäuse* aufgenommen.

S. 23 *die Trull* Wir wissen, daß in Herzmanovsky-Orlandos großartigem Romanfragment *Maskenspiel der Genien* die Tarockei, dieses geheimnisvolle para-österreichische Staatsgebilde, das auf dem Tarockspiel aufbaut und wie das Urmeter in Paris den Normaltarock zu Gradiska aufbewahrt, vom »niemals zu stürzenden Kabinett« der Trull regiert wird.

S. 40 *Pierrot content* »Der zufriedene Pierrot«, ca. 1712–1713, Sammlung Thyssen-Bornemisza, Madrid.

S. 41 *Janins hingebungsvoller Propaganda* Sein hier wichtigstes Büchlein hieß *Debureau. Histoire du théâtre à quatre sous* (1832). Brechts *Dreigroschenoper* – die John Gays *Beggar's Opera* aufnimmt – steigert den Fachausdruck *théâtre à quatre sous* sozusagen rückwärts.

S. 44 *... einen Mondkrater nach mir zu benennen!*« »Schulausflug«, 1957, ebenfalls in *Trommler beim Zaren*. Hier heißt der Mond einmal »Oppolzer«, was sowohl auf den österreichischen Astronomen Theodor Egon Ritter von Oppolzer mit seinem 1887 postum erschienenen *Kanon der Finsternisse* verweist, wie es auch die Konjunktion des Mondes mit einem Fußballplatz onomatopoetisch beschwört.

S. 46 *... hat er's nicht haben wollen.*« »Napoléon, son histoire racontée par un vieux soldat«, in *Le Médecin de Campagne*, Kap. III: »Le Napoleon du Peuple«

S. 59 *Diana's foresters ...* »Dianas Förster, Schatten-Gentlemen, Gesellen des Mondes.« (Falstaff spricht.)

S. 60 *»Lady, by yonder blessed moon I swear...«* »Ich schwöre, Lady, bei dem heil'gen Mond, / Der all die Obstbaumwipfel silbern säumt...«

S. 60 *June Moon* »June Moon. Das ist der Titel ... Die erste Strophe handelt dann von einem Mann, der im Juni ein Mädel trifft, als der Mond schien, und dann ist was passiert und sie ist fortgegangen oder vielleicht geht er weg, und dann denkt er jetzt immer an sie, wenn er zum Mond hochschaut. In der zweiten Strophe tut sie dann dasselbe für ihn.« – »Ist ja nur fair.« – »Ich weiß auch nicht – schon wieder ein Mondsong.«

S. 61 *... wie der einzige Mond den vielen Sternen* Etwa bei Ovid, *Metamorphosen* II, 722–724.

S. 61 *Other Men's Flowers* Diese 1944 erschienene Gedichtsammlung dürfte die einzige Lyrikanthologie eines ranghohen Militärs sein. Der erste Earl Wavell hatte im Zweiten Weltkrieg mit wechselndem Erfolg in Nordafrika kommandiert, wurde dann Oberbefehlshaber in Indien und nach dem Kriege Viceroy of India. Er verfolgte in seiner Sammlung das interessante Prinzip, nur Gedichte aufzunehmen, die er auswendig konnte.

S. 73 Diese Schriften Cyranos zählen historisch zur Literatur der »Libertinage« – später eher ein Begriff für erotische Freizügigkeit, bezeichnet das Wort ursprünglich das freie, unorthodoxe Denken; der Libertin ist ein Freigeist. Die neugierige, skeptische, die Schranken der Orthodoxie ignorierende oder spielerisch zerlegende Vernunft steht im Mittelpunkt, und so heißt denn eine bedeutende Gruppe der französischen Schriftsteller des siebzehnten Jahrhunderts seit geraumer Zeit in der Geschichte der Literatur und der Philosophie *libertins érudits*, die gelehrten Libertiner. In zwei 1998 und 2004 erschienenen Bänden *Libertins du XVIIe siècle* hat ihnen die »Bibliothèque de la Pléiade« ein Denkmal gesetzt.

S. 85 *... der Schattenriß.* Arthur Symons übersetzt: »Scaramouche waves a threatening hand / To Pulcinella, and they stand / Two shadows, black against the moon.« (*Silhouettes*, ²1896).

S. 98 *... und fragt nie, was es bedeutet* Johann Peter Hebel, »Allgemeine Betrachtung über das Weltgebäude«

JOACHIM KALKA, geboren 1948, lebt als Autor, Kritiker und Übersetzer in Leipzig. Die Deutsche Akademie für Sprache und Dichtung verlieh ihm 1996 für sein Übersetzungswerk den Johann-Heinrich-Voß-Preis und wählte ihn 1997 zum Mitglied. 2009 nahm ihn die Bayerische Akademie der Schönen Künste auf. Bei Berenberg erschienen zahlreiche seiner Übersetzungen sowie zuletzt die Essaybände *Die Katze, der Regen, das Totenreich. Ehrfurchtsnotizen* (2012) und *Gaslicht. Sammelbilder aus dem 19. Jahrhundert* (2013).

Ein Teil dieses Textes erschien in etwas anderer Form in *Lettre International* (Sommer 2014). Die Ausführungen zu Cyrano de Bergerac gehen auf eine Rezension zurück, die 2004 in der FAZ der Neuübersetzung der *Reisen zum Mond und zur Sonne* galt. Für Hinweise dankt der Verfasser herzlich Jens Malte Fischer, Martin Stingelin und Uwe Timm.

KONZEPTION | GESTALTUNG: Antje Haack | lichten.com
SATZ | HERSTELLUNG: Büro für Gedrucktes, Beate Mössner
ABBILDUNGEN: Einbandvorderseite, Einbandrückseite
und Frontispiz von akg-images
REPRODUKTION: Frische Grafik, Hamburg
DRUCK UND BINDUNG: CPI – Clausen & Bosse, Leck
Printed in Germany
ISBN 978-3-946334-03-3